高承台混合桩基础位移系数解法

曹 明

著

上海科学技术出版社

图书在版编目(CIP)数据

高承台混合桩基础位移系数解法 / 曹明著. —上海：
上海科学技术出版社,2019.8
ISBN 978 - 7 - 5478 - 4497 - 7

Ⅰ.①高⋯　Ⅱ.①曹⋯　Ⅲ.①建筑施工－桩基础－工
程设计－研究　Ⅳ.①TU753.3

中国版本图书馆 CIP 数据核字(2019)第 122562 号

上海开放大学学术专著出版基金资助

高承台混合桩基础位移系数解法
曹　明　著

上海世纪出版(集团)有限公司
上海科学技术出版社　出版、发行
(上海钦州南路 71 号　邮政编码 200235　www.sstp.cn)

苏州望电印刷有限公司印刷
开本 787×1092　1/16　印张 8.5
字数：200 千字
2019 年 8 月第 1 版　2019 年 8 月第 1 次印刷
ISBN 978 - 7 - 5478 - 4497 - 7/TU・281
定价：48.00 元

内容提要

本书基于广义胡克定律推导出了虚拟桩方法求解水平荷载作用下桩身的弯矩、位移和转角的第二类 Fredholm 积分方程中的间断点的解析解；根据 Mindlin 解重新推导了位移影响函数，该方法简化了位移影响函数的推导过程。本书基于虚拟桩理论，提出一套完整的高承台混合桩型群桩基础位移相互作用系数分析方法，理论严密、计算效率高，可以应用于大规模群桩的计算分析。本书重新推导出群桩效率系数的另一种表达方式，即用单桩刚度系数和群桩刚度系数来计算群桩效率系数。本书在等长桩群桩效率系数和群桩折减系数定义的基础上，分别给出了混合桩型群桩效率系数和混合桩型群桩折减系数的表达式。

本书共分 5 章，包括：绪论，水平荷载作用下的单桩受力特性，两根相同桩桩间相互作用系数特性研究，两根不相同桩桩间相互作用系数特性研究，高承台混合桩型群桩基础的位移相互作用系数解法研究。

本书可供从事桩基工程设计和施工技术人员参考使用，也可供土木工程专业的科研人员、高校教师及研究生参考。

前　言

　　随着国民经济的发展,土木工程取得飞速的进步。虽然桩基础在土木工程中得到了广泛的应用,但是由于桩基础的复杂性,到目前为止其受力机理、荷载变形特性的分析方法仍然没有得到很好的解决。已有的研究成果主要集中在桩基承受竖向荷载时的工作性能,而对水平向荷载作用下桩基的工作研究相对要少一些。桩基础除了受到竖向荷载以外,还受到来自水平方向的荷载,如由于结构物自重和使用荷载的偏心而产生的弯矩;交通工具制动时产生的水平力和弯矩;风、波浪、潮水等产生的水平力和弯矩。

　　本书基于虚拟桩理论建立了混合桩型群桩基础的位移相互作用系数解法,主要内容包括以下几个方面:

　　(1) 通过广义胡克定律推导出了虚拟桩方法求解水平荷载作用下桩身的弯矩、位移和转角的第二类 Fredholm 积分方程中的间断点的解析解,从而提高了第二类 Fredholm 积分方程的数值计算精度并简化了计算程序的编写。本书根据 Mindlin 解重新推导了位移影响函数,该方法简化了位移影响函数的推导过程。

　　(2) 桩顶固定时桩顶转角方程与求解桩身弯矩、桩顶和桩底位移的第二类 Fredholm 积分方程联立,可以求解桩顶固定条件下的桩身荷载、位移和转角。

　　(3) 采用虚拟桩的方法来计算桩—桩相互作用系数,充分考虑了桩土分离以后桩体孔洞的存在。通过与有限元计算结果的比较,可以看出本书计算方法考虑桩的存在对土的变形的影响。

　　(4) 建立了求解均质地基中非等长桩位移相互作用系数的第二类 Fredholm 积分方程解法,通过与有限元计算结果比较,验证了本书计算方法和程序编写的正确性,非等长桩位移相互作用系数解法是本书一个重要创新点。

　　(5) 基于叠加原理将虚拟桩方法在求解水平荷载作用下两根等长桩之间的位移相互作用系数中的应用推广到求解高承台等长桩群桩基础;并进一步将解高承台等长桩群桩基础的位移相互作用系数解法推广到混合桩型桩基础的位移相互作用系数计算方法。这种计算方法的计算量少、计算效率高,但计算结果的精度并不受影响,此法在分析大型群桩问题中比较有效。

（6）本书按照 Salgado 等（2014）所定义的等长桩群桩效率系数重新推导出群桩效率系数的另一种表达方式，即用单桩刚度系数和群桩刚度系数来计算群桩效率系数。本书在等长桩群桩效率系数和群桩折减系数定义的基础上，分别给出了混合桩型群桩效率系数和混合桩型群桩折减系数的表达式。

本书的研究得到了上海市教育委员会科研创新项目（15ZZ103）和上海开放大学学科研究重点项目（JF1301、KX1806）的资助。

本书的研究工作得到了本人导师上海交通大学陈龙珠教授的耐心帮助和指导，在此向他致以衷心的感谢。美国路易斯安那州立大学土木与环境工程系博士生导师陈胜立为本书的理论推导提供了帮助；上海交通大学沈水龙教授给我的英文文稿提供了热情指教和帮助；澳大利亚皇家墨尔本理工学院周安楠博士为本书研究的顺利完成提供了大量的帮助和指导；同济大学地下建筑工程系梁发云教授提供了大量的参考文献和科研指导；上海交通大学张振南教授在程序方面提供了帮助；同济大学的博士研究生王沿朝和芦迎亚为本书参考文献的查找提供了帮助，在此一并致谢。

还要感谢上海开放大学学术专著出版基金为本书的出版提供了资助。

限于时间和水平有限，书中难免有错误和不当之处，敬请广大读者批评、指正。

著者

2019 年 7 月 26 日

目　录

第 1 章

绪　　论

1.1　引言

　　随着国民经济的发展,土木工程取得飞速的进步,高层建筑纷纷出现,大型跨海大桥相距建成。由于高层建筑和跨海大桥主要集中在我国沿海或沿河软土地区,地基条件比较差,这就对地基处理的设计与施工不断提出了更高、更严的要求。桩基是工程结构基础的主要形式。虽然桩基础在土木工程中得到了广泛应用,但是由于桩基础的复杂性,到目前为止,其受力机理、荷载沉降特性的研究仍然没有达到完美。已有的研究成果主要集中在桩基承受竖向荷载时的工作性能,而对水平向荷载作用下桩基的工作研究相对要少一些。桩基础除了受到竖向荷载以外,还受到来自水平方向的荷载,如由于结构物自重和使用荷载的偏心而产生的弯矩;交通工具制动时产生的水平力和弯矩;风、波浪、潮水等产生的水平力和弯矩。

　　最近几年,国内外学者在水平荷载作用下混合桩型群桩基础的理论研究方面已经取得了一定的研究成果,但仍有许多问题有待解决,如桩—土之间的荷载传递、计算效率等。因此,有必要对桩—土之间相互作用、相互影响的复杂系统进行深入的研究,寻找一种理论上可靠、计算工作量小的桩基工程实用计算方法。本章介绍了目前国内外有关水平荷载作用下单桩和群桩的主要分析方法。

1.2　水平荷载作用下群桩计算方法综述

1.2.1　地基反力法

1. 极限地基反力法

　　极限地基反力法又称极限平衡法,该法假定桩为刚性体,也即不考虑桩身变形,土反力的大小仅为深度的函数,而与桩的挠度没有任何关系,并根据土体的性质预先设定一种地基反力形式,然后按照土的极限静力平衡来求解桩的水平承载力和桩身最大弯矩。如国外学者 Broms(1964,1965)采用极限地基反力法研究了桩的挠度。

由于此法不考虑桩、土变形特性,所以不适用于有变形问题的一般桩基结构。

2. 弹性地基反力法

根据土反力和桩身水平位移的关系,弹性地基反力法可分为线弹性地基反力法和非线性弹性地基反力法。弹性地基反力法是研究较多也是工程中较为常用的一种计算水平荷载桩变形和内力的方法。该法把桩视为插在土中的弹性梁建立基本方程

$$EI\frac{\mathrm{d}^4 y}{\mathrm{d}x^4} + Bp(x, y) = 0 \tag{1.1}$$

假定地基反力 p 与桩的挠度 y 有以下的幂乘关系

$$p = kx^m y^n \tag{1.2}$$

当 $n=1$ 的时候为线弹性地基反力法,$n \neq 1$ 为非线性弹性地基反力法,两者的数学处理完全不同。

弹性地基反力法假定土为弹性体,应用梁的弯曲理论计算桩身变形和内力。计算地基反力时采用 Winkler 模型,把桩周土离散为单独作用的弹簧,当某一个弹簧受力时,仅此弹簧产生和力成比例的压缩或伸长,而其他弹簧不受影响。

这里所说的非线弹性,是指应力与应变不成线比例关系,虽然卸载与加载所经历的过程不一定一致,但卸载后仍能恢复到原状。

对于线弹性地基反力法,$m=0$ 为张有龄法;$m=1$ 为我国《建筑桩基技术规范》(JGJ94—2008)的 m 法,m 法不能给出完全闭合解,需要通过级数法或数值方法求解。线弹性地基反力法分为考虑轴力影响和不考虑轴力影响两种情况。

(1)不考虑轴力影响。

国内外学者基于 m 法开展了大量的研究,如赵明华等(1994,2006)用单层地基 m 法的解分别得到双层和多层地基桩的变形和内力。通过 m 法对双层地基中 m 值的换算进行了计算研究,戴自航等(2007)按实际成层地基抗力系数采用有限差分法和弹性地基杆系有限单元法计算桩身位移和内力。劳伟康等(2008)和吴锋等(2009)基于实测数据采用数理统计的方法对 m 法进行了研究。Matlock(1960)给出了弹性桩理论和刚性桩理论的基本方程和计算方法,该方法考虑了土体模量随深度的变化。

(2)考虑轴力影响。

桩主要用来承受由上部结构自重所施加的竖向荷载,但实际工程中,桩往往是受到了竖向和横向荷载共同作用。如水平荷载桩除了在承受由上部结构和桩身自重等引起的竖向荷载以外,还承受由波浪荷载、风荷载、地震荷载、车辆制动力荷载、土压力、轮船及车辆的撞击等引起的水平荷载。在竖向和横向荷载共同作用下,除了水平荷载使桩身产生的变形和内力外,竖向荷载也将使桩产生附加弯矩,而这一附加弯矩又将使桩侧向变形进一步增大。

范文田(1986)推导出了按 Winkler 假设范围内轴向与横向力同时作用下等截面均质桩基挠曲的微分方程,指出轴向力对柔性桩受力变形的影响程度是与桩身的压应变、桩身材料和土的弹性性质以及桩身横截面的几何形状和尺寸有关。Han 等(2000)采用变分法分析了水平力、轴向力、土反力、桩顶和桩底的边界条件等因素对桩身响应的影响,并指出当轴向荷

载较小时,桩的水平位移随轴向荷载的增加而缓慢增大,但轴向荷载的影响随轴向荷载的增加而增大,当轴向荷载接近临界荷载时,桩的水平位移随轴向荷载的增加而急剧增大,此时轴向荷载已导致桩基失稳。

3. 复合地基反力法(p-y 曲线法)

与弹性地基法类似,p-y 曲线法假定土中的桩为一根弹性梁,但用一系列独立的非线性弹簧模拟不同深度的土层。各深度处的土反力与变形之间的关系曲线即为 p-y 曲线。该方法可以反映实际桩周土的非线性特点,因此得到了越来越广泛的应用。国外文献中针对不同的土质已有众多的曲线模型被提出,经典的如 Matlock(1970)水下软枯土 p-y 曲线、Reese 等(1974)砂土 p-y 曲线和 Reese 等(1975a,1975b)硬黏土 p-y 曲线等。Stevens 等(1979)和 Lee 等(1979)通过试验数据对 Matlock(1970)提出的相关计算式进行了修正。Sullivan 等(1980)在 Matlock(1970)和 Reese 等(1975b)的基础上给出了统一的黏土 p-y 曲线形式。

1.2.2　数值模拟法

由于桩与土相互作用的复杂性,单纯用理论分析的方法很难准确地反映水平荷载作用下桩与土之间的相互作用。有限元法克服了其他方法在理论上的局限性,是一种比较成熟的数值计算方法,由于其解决问题的有效性和可靠性,自其问世以来已广泛地应用于包括桩基在内的各类建筑物计算分析当中。该方法具有适应复杂的受力形式和地质条件等优点,可以有效地模拟土的连续性、非线性、弹塑性及桩土接触等问题,已经成为分析水平荷载桩受力性状的一种不可或缺的方法。

在早期,Randolph(1981)使用二维有限元模型分析了水平向荷载作用的桩土相互作用,土为弹性连续体,桩为弹性梁。随着有限元计算技术的提高,三维有限元分析应用到该问题的分析和研究,如 Yang 等(2002b),Fan 等(2005)以土为弹塑性材料,桩为线弹性材料。最近,Chik 等(2009)和 Taha 等(2009)用 Mohr-Coulomb 模型模拟土体,进行三维有限元计算。Youngho 等(2011)采用 p-y 曲线法计算桩的挠度和荷载分布,桩土相互作用采用三维有限元进行分析,得到与现场试验结果相吻合的计算结果。

赵明华等(2007,2008)基于无网格迦辽金法,对水平受荷单桩进行了无单元数值模拟分析。对水平受荷单桩进行的数值模拟分析还有史文清等(2006)、谢雄耀等(2006)等。

在有限元法模拟无限域中,为了保证计算的精度,在实际工程的分析中要考虑很大一部分桩周土体,这样就导致计算量的增大,对计算机的要求很高。对于大规模的群桩问题,有限元的计算工作量使一般的计算机已无法满足要求,这就使得计算结果的精度受到了制约。

1.2.3　试验法

除了有限元方法外,国内很多学者采用其他数值模拟方法对水平受荷桩进行了计算研究。周健等(2007)借助周健等(2004)和曾庆有(2005)的颗粒流理论模拟了短桩侧向受荷模型试验,并对试验结果进行了合理延伸。

为了减少计算量,同时又提高计算精度,在本书中,桩与桩周土的相互作用采用虚拟桩方法来考虑。已有对群桩的大量研究文献中,主要集中在固定桩顶和完全自由桩顶两方面。McVay 等(1996)通过离心机测试发现桩顶的固定性是桩——承台相互作用的一个影响因素。US Army Corps of Engineers(1991)也发现桩——承台的刚度对设计非刚性承台基础非常重要。随后,Zhang 等(2000a)和 Small 等(2002)采用有限元法分析桩和承台,用有限层法分析层状土,分别对层状土中高承台和低承台的桩基础承受水平和竖向荷载情况的问题进行了分析,该研究对承台的刚度进行了考虑。

1.2.4　弹性理论法

弹性理论法把地基土体视为弹性连续体,通过引入弹性模量和泊松比这两个土体的基本参数,克服了地基反力法只能用地基反力系数这一模型参数来描述土体变形性质的缺点[Fan(2005)]。该法不仅可以考虑桩与土之间的相互作用,而且还可以考虑邻桩之间的相互作用,也即群桩效应。Spillers(1964)利用弹性理论法对水平荷载作用下的单桩进行了研究。之后,Poulos(1971a,1971b,1972)根据弹性理论法分别对水平受荷单桩、群桩、嵌岩桩进行了研究。Poulos 假定三维的桩通过高度为桩长,宽度为桩宽的二维矩形截面与土相互作用,桩按照梁的弯曲理论进行计算,对矩形截面进行离散,基于点荷载作用于半无限空间体的 Mindlin(1936)解,根据桩土的变形协调条件就可以得到桩土共同作用的控制方程。

Poulos 方法中假定桩土通过一个二维矩形截面相互作用,该方法没有考虑半空间土体中的桩孔。Pak(1989)把 Muki 等(1970)的虚拟桩方法推广到水平受荷桩问题,在虚拟桩模型中,将桩土共同作用体系离散为带孔洞的扩展弹性半空间地基和虚拟桩问题。弹性半空间地基用 Mindlin 方程进行计算,虚拟桩用梁的弯曲理论进行计算,假定虚拟桩轴线的水平位移和弹性半空间地基原桩轴线的位移相等,根据 Mindlin 解得出圆形基本解后,得出桩土共同作用问题的第二类 Fredholm 积分方程。Poulos 方法中假定桩为一矩形垂直薄条,与实际桩土相互作用有一定差距;此外,Poulos 方法在计算桩土相互作用力的时候也没有考虑半空间体中桩体孔洞的影响。Pak 的方法以半空间内圆形荷载作用下的解为基本解,认为桩土在圆形截面上相互作用,因而在理论上要比 Poulos 方法严密;此外,该方法以虚拟桩来研究桩土相互作用,所以能够考虑桩土分离以后的孔洞问题。Chen 等(2011)和梁发云等(2012)采用 Pak 的方法分别对两根桩和两根以上的群桩进行了研究,但所研究的桩是相同的,地基是均质的,即都没有对混合桩型以及层状地基中的群桩进行解答。

以上弹性理论方法解决了均质半无限弹性地基问题,对于非均质的弹性土体也已有学者进行过研究。Lee 等(1987)利用第一类 Fredholm 积分方程和 Chan 等(1974)的两层地基的基本解求解了两层地基中水平受荷单桩桩——土相互作用问题。由于 Lee 等(1987)没有考虑桩的虚拟轴力在土层界面处的间断问题,而直接对被积函数进行分部积分,在理论上不够严密。

Banerjee 等(1978)、Pise(1982)和 Yang 等(2002a,2002b)分别采用不同求解的方法对双层弹性地基中水平受荷桩进行了理论分析。Vermijt 等(1989)基于 Poulos(1971a)的方法,提出了成层弹性地基中水平受荷桩的理论计算模型。上述关于水平受荷桩的弹性理论法的研究一般都是基于 Mindlin 积分解、变分原理等方法结合数值法进行求解,计算过程比较复杂,在工程设计中难以应用。

1.3　本书主要研究内容

本书基于虚拟桩理论和位移相互作用系数法建立了混合桩型群桩基础的位移相互作用系数解法,系统的研究了桩—桩位移相互作用系数、群桩中各桩桩顶荷载分担特性、群桩效率系数和群桩折减系数,主要内容包括以下几个方面:

(1) 建立求解水平荷载作用下桩顶自由时和桩顶固定时受力特性的第二类 Fredholm 积分方程。

通过广义胡克定律推导出了 Pak(1989)方法求解水平荷载作用下桩身的弯矩、位移和转角的第二类 Fredholm 积分方程中的间断点的解析解,从而提高了第二类 Fredholm 积分方程的数值计算精度并简化了计算程序的编写。本书根据 Mindlin 解重新推导了位移影响函数,该方法简化了位移影响函数的推导过程。通过求解由第二类 Fredholm 积分方程与桩顶转角固定的转角方程联立的方程组所得到桩顶固定时的桩身弯矩,可以得到桩顶固定时桩身的水平位移和桩身的转角,采用 Fortran 语言编写程序进行求解。与现有计算结果的比较验证了本书计算方法的正确性。进行了广泛的桩土弹性模量比和桩长细比参数分析,为桩顶固定时单桩的设计和分析提供了参考。

(2) 建立求解水平荷载作用下等长桩相互作用系数在桩顶自由时和桩顶固定时的第二类 Fredholm 积分方程。

基于虚拟桩方法,将两桩相互作用的问题分解为弹性半空间扩展土和两根虚拟桩的叠加,其中虚拟桩的弹性模量等于桩的弹性模量与土的弹性模量之差。求解桩—桩间相互作用所需要的第二类 Fredholm 积分方程的间断点采用显式解,从而提高了该积分方程的数值计算精度,通过算例对比,验证了本书计算方法的正确性。最后进行了参数分析,结果表明两根桩在水平力单独作用下的转角相互作用系数与弯矩单独作用下的位移相互作用系数相等。

求解桩—桩位移相互作用系数的第二类 Fredholm 积分方程与桩顶转角固定的斜度方程联立方程组,可以得到桩—桩相互作用在桩顶固定约束时的桩顶水平位移。与现有计算结果的比较验证了本书计算方法的正确性。进行了广泛的桩土弹性模量比、桩间距和桩长细比参数分析,为桩顶自由时和桩顶固定时桩—桩水平位移相互作用系数的设计和分析提供了参考。

(3) 建立求解水平荷载作用下非等长桩相互作用系数在桩顶自由时和桩顶固定时的第二类 Fredholm 积分方程。

本书建立了求解均质地基中非等长桩位移相互作用系数的第二类 Fredholm 积分方程,通过与等长桩计算结果以及有限元的不等长桩计算结果比较,验证了本书计算方法和程序编写的正确性。本书对影响长短桩位移相互作用系数和转角相互作用系数的桩土弹性模量比、桩间距以及不同的水平荷载作用方向与两根桩中心连线的偏离角等参数进行了系统的研究,得出了一些有益的结论,可为工程设计提供参考。

（4）研究高承台混合桩型群桩基础的位移相互作用系数解法。

基于叠加原理将虚拟桩方法在求解水平荷载作用下两根等长桩之间的位移相互作用系数中的应用推广到求解高承台等长桩群桩基础；并进一步将解高承台等长桩群桩基础的位移相互作用系数解法推广到混合桩型桩基础的位移相互作用系数计算方法，本书方法可以求解非等长桩、非等径桩等复杂桩型问题。这种计算方法的计算量少、计算效率高，但计算结果的精度并不受影响，此法在分析大型群桩问题中比较有效。

1.4　本书主要创新点

为了提高水平荷载作用下群桩基础受力性能的计算效率和计算精度，本书采用积分方程理论和位移相互作用系数法系统地研究了桩—桩相互作用系数、群桩中各桩桩顶荷载分担特性、群桩效率系数和群桩折减系数等工程性状。

本书研究内容主要创新点如下：

（1）基于广义胡克定律推导出了第二类 Fredholm 积分方程中的间断点的解析解，从而提高了求解水平荷载作用下单桩桩身的弯矩、位移和转角以及桩—桩各种相互作用系数的数值计算精度并简化了计算程序的编写。本书根据 Mindlin 解重新推导了位移影响函数，该方法简化了位移影响函数的推导过程。这些都具有一定的创新性。

（2）通过求解由第二类 Fredholm 积分方程与桩顶转角固定的转角方程联立的方程组所得到桩顶固定时的桩身弯矩，可以得到桩顶固定时桩身的水平位移和桩身的转角以及桩顶固定时等长桩和非等长桩桩—桩各种相互作用系数，这也具有创新性。

（3）在等长桩桩—桩相互作用系数的虚拟桩求解方法的基础上建立了求解均质地基中非等长桩位移相互作用系数的第二类 Fredholm 积分方程，并对影响长短桩位移相互作用系数和转角相互作用系数的桩土弹性模量比、桩间距以及不同的水平荷载作用方向与两根桩中心连线的偏离角等参数进行了系统的研究，得出了一些有益的结论，可为工程设计提供参考。这是本书另一个重要创新点。

（4）基于叠加原理将虚拟桩方法在求解水平荷载作用下桩—桩之间的位移相互作用系数中的应用推广到混合桩型群桩基础的位移相互作用系数计算方法，本书方法可以求解非等长桩、非等径桩等复杂桩型问题。这种计算方法的计算量少计算效率高，但计算结果的精度并不受影响，此法在分析大型群桩问题中比较有效，这是本书又一个重要创新点。

（5）重新推导出群桩效率系数的另一种表达方式，即用单桩刚度系数和群桩刚度系数来计算群桩效率系数。本书在等长桩群桩效率系数和群桩折减系数定义的基础上，分别给出了混合桩型群桩效率系数和混合桩型群桩折减系数的表达式，这也是本书一个重要创新点。

1.5　本书的内容构成

本书主要有以下 6 部分构成：绪论，水平荷载作用下的单桩受力特性，两根相同桩桩间相互作用系数特性研究,两根不相同桩桩间相互作用系数特性研究,高承台混合桩型群桩基础的位移相互作用系数解法研究,参考文献。

　　本书主要内容的关系如图 1.1 所示,首先建立求解水平荷载作用下的单桩受力特性的第二类 Fredholm 积分方程,该方程可以求解平荷载作用下桩顶自由时和桩顶固定时桩身的弯矩、位移和转角。在单桩的积分方程解法基础上先后建立两根相同桩桩间相互作用系数和两根不相同桩桩间相互作用系数解法,可以得到桩顶自由时和桩顶固定时等长桩和不等长桩桩—桩间的位移相互作用系数和转角相互作用系数。最后,根据桩—桩间的位移相互作用系数建立高承台混合桩型群桩基础的位移相互作用系数解法。

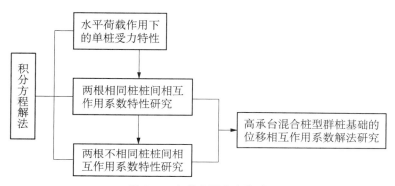

图 1.1　本书主要内容构成

第 2 章

水平荷载作用下的单桩受力特性

2.1 引言

　　国民经济的发展需要大量建设高层建筑、桥梁和海上平台,其中桩基是这些工程结构基础的主要形式。已有的研究成果主要集中在桩基承受竖向荷载时的工作性能,而对水平向荷载作用下桩基的工作研究相对要少一些。桩基除了受到竖向荷载以外,还受到来自水平方向的荷载,如由于结构物自重和使用荷载的偏心而产生的弯矩;交通工具制动时产生的水平力和弯矩;风、波浪、潮水等产生的水平力和弯矩等。

　　目前,国内外有关水平荷载作用下单桩和群桩的分析方法主要有:$p-y$ 曲线法[Matlock(1970), Reese 等(1975b), Reese 等(1974)],弹性理论法[Poulos(1971a, 1971b), Banerjee 等(1978), Poulos 等(1980)],有限单元法[Randolph(1981), Trochanis 等(1991)],弹性地基反力法[Hetenyi(1946), Reese 等(1956), Davisson 等(1963)]等方法,Fan 等(2005)对以上不同的方法的使用条件和局限性做了总结和概述。

　　弹性理论法把地基土体视为弹性连续体,通过引入弹性模量和泊松比这两个土体的基本参数,克服了地基反力法只能用地基反力系数这一模型参数来描述土体变形性质的缺点。Spillers 等(1964)利用弹性理论法对水平荷载作用下的单桩进行了研究。之后,Poulos (1971a, 1971b, 1972)也根据弹性理论法分别对水平受荷单桩、群桩、嵌岩桩进行了研究。Poulos 假定三维的桩通过高度为桩长、宽度为桩宽的二维矩形截面与土相互作用,桩按照梁的弯曲理论进行计算,对矩形截面进行离散,积分 Mindlin 解,根据桩土的变形协调条件就可以得到桩土共同作用的控制方程。Muki 等(1970)提出的虚拟桩模型由于能够考虑桩土分离以后在原桩所在位置留下的孔洞,所以相对以上弹性理论方法计算结果更加准确[Cao 等(2008)]。陆建飞等(2001)基于虚拟桩模型对层状地基中单桩进行了理论分析。Pak (1989)基于 Muki 等(1970)提出的虚拟桩模型建立了求解均质地基中水平荷载作用下单桩的 Fredholm 积分方程,Chen 等(2008)基于 Pak 的单桩分析,建立了求解两根等长桩位移相互作用系数的虚拟桩模型,梁发云等(2012)进一步建立了群桩的相互作用系数解法。

　　但 Pak(1989)基于 Muki 等(1970)建立的求解单桩的第二类 Fredholm 积分方程中的间断点未能给出显式解,因而计算精度不易控制;根据 Muki(1960)求解弹性非轴对称问题的位移函数法推导出位移影响函数 $\hat{u}(z,\xi)$，推导过程相对复杂。为此本书通过广义胡克定律推导出了 Pak 方法求解水平荷载作用下桩的弯矩、位移和斜度的第二类 Fredholm 积分方程中的间断点的解析解，同时简化了位移影响函数的推导过程；另外，本书基于 Mindlin(1936)解重新推导出了位移影响函数 $\hat{u}(z,\xi)$。

2.2　桩顶自由时单桩的积分方程解法

2.2.1　Fredholm 积分方程的建立

桩与土之间的相互作用，不仅与土的力学性质有关，更重要的是与桩的受力方式有关。Muki 等(1969,1970)把桩视为一维连续弹性体，解决了桩在竖向荷载作用下桩土相互作用的问题。

如图 2.1 所示，弹性半空间土体中水平向受荷桩的半径为 a，长度为 L，桩体的横截面积为 A，桩顶受到作用在 $x\text{-}z$ 平面内的侧向剪力 $V(0)$ 和弯矩 $M(0)$。与 Muki 等(1970)一样，通过引入虚拟桩 B_* 来考虑桩与土之间的相互作用。虚拟桩的弹性模量为：

$$E_* = E_p - E_s \tag{2.1}$$

式中，下标 p、s 分别表示桩和半空间扩展土。认为土是半无限连续弹性体，认为桩是一维连续弹性结构。

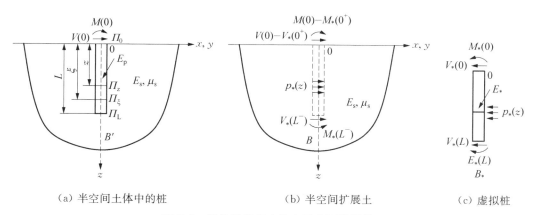

（a）半空间土体中的桩　　　（b）半空间扩展土　　　（c）虚拟桩

图 2.1　弹性半空间土体中受水平荷载桩

按照 Muki 等(1970)的方法，将图 2.1a 侧向受荷桩的问题分解为弹性半空间扩展土(图 2.1b)和一根虚拟桩(图 2.1c)的叠加。根据梁的伯努利—欧拉的挠度理论，虚拟桩 B_* 的挠度曲线微分方程为

$$E_* I \frac{\mathrm{d}^2 u_*(z)}{\mathrm{d}z^2} = M_*(z) \tag{2.2}$$

平衡方程为：

$$\frac{\mathrm{d}M_*(z)}{\mathrm{d}z} = V_*(z) \tag{2.3}$$

$$\frac{\mathrm{d}V_*(z)}{\mathrm{d}z} = -p_*(z) \tag{2.4}$$

真实桩 B' 桩身在截面 Π_z 处的弯矩和剪力分别等于虚拟桩桩身的弯矩和剪力与半空间扩展土相应截面处弯矩和剪力之和,即

$$M(z) = M_*(z) - \int_{\Pi_z} \sigma_{33}(x) x_1 \mathrm{d}A \tag{2.5}$$

$$V(z) = V_*(z) - \int_{\Pi_z} \sigma_{31}(x) \mathrm{d}A \tag{2.6}$$

式中,σ_{ij} 表示与半空间扩展土有关的应力。

根据 Reissner(1940)和 Muki 等(1968)假设桩两端通过集中力的方式直接传递给桩周围的土,不考虑桩身与土之间的摩擦力。图 2.1c 表示作用在虚拟桩 B_* 上的外力:①$-p_*(z)$ 表示半空间扩展土作用在虚拟桩单位长度上的力;②$V_*(0^+)$、$-M_*(0^+)$ 分别表示直接作用在虚拟桩桩顶上的剪力和弯矩;③$-V_*(L)$、$M_*(L)$ 分别表示作用在桩底上的剪力和弯矩。根据力的作用与反作用原理,作用在半空间扩展土 B 上的力包括:①$p_*(z)$ 表示虚拟桩作用在半空间扩展土单位长度上的力;②$V(0)-V_*(0^+)$、$-[M(0)-M_*(0^+)]$ 分别表示真实桩在截面 Π_0 上直接作用在半空间扩展土上的剪力和弯矩;③$V_*(L)$、$-M_*(L)$ 分别表示虚拟桩在截面 Π_L 上作用在半空间土上的剪力和弯矩。Pak(1989)进一步假定桩身横截面发生小的旋转,则由真实桩的底端直接传递给虚拟桩的弯矩以及真实桩在截面 Π_0 上直接作用在半空间扩展土上的弯矩可以忽略不计,即

$$M_*(L) = 0 \tag{2.7}$$

$$M(0) - M_*(0^+) = 0 \tag{2.8}$$

$\hat{u}(X, \xi)$ 表示在截面 Π_ξ 上受合力为单位力方向是水平方向的均布力作用时对半空间扩展土点 X 产生的水平向位移影响,则半空间土体内的位移可以写为

$$u(X) = [V(0) - V_*(0^+)]\hat{u}(X, 0) + V_*(L)\hat{u}(X, L) + \int_0^L p_*(\xi)\hat{u}(X, \xi)\mathrm{d}\xi \tag{2.9}$$

半空间扩展土中桩中心轴线上的点 $X = (0, 0, z)$ 在 x 方向上的位移为

$$u_s(z) = [V(0) - V_*(0^+)]\hat{u}(z, 0) + V_*(L)\hat{u}(z, L) + \int_0^L p_*(\xi)\hat{u}(z, \xi)\mathrm{d}\xi \tag{2.10}$$

虚拟桩的位移与半空间扩展土的位移协调,所以在虚拟桩中心轴线上虚拟桩的位移与半空间扩展土的位移相等,即

$$u_*(z) = u_s(z) \quad 0 \leqslant z \leqslant L \tag{2.11}$$

由式(2.10)和位移协调条件式(2.11),虚拟桩的位移可以表示为

$$u_*(z) = [V(0) - V_*(0^+)]\hat{u}(z, 0) + V_*(L)\hat{u}(z, L) + \int_0^L p_*(\xi)\hat{u}(z, \xi)\mathrm{d}\xi \quad (0 \leqslant z \leqslant L) \tag{2.12}$$

利用式(2.4),式(2.12)可以写为

$$u_*(z) = [V(0) - V_*(0^+)]u(z, 0) + V_*(L)\hat{u}(z, L) - \int_0^L \frac{\mathrm{d}V_*(\xi)}{\mathrm{d}\xi}\hat{u}(z, \xi)\mathrm{d}\xi \quad (0 \leqslant z \leqslant L) \tag{2.13}$$

对式(2.13)中右边最后一项进行分部积分,并由式(2.3)可以得到

$$\int_0^L \frac{\mathrm{d}V_*(\xi)}{\mathrm{d}\xi}\hat{u}(z, \xi)\mathrm{d}\xi = V_*(\xi)\hat{u}(z, \xi)\Big|_0^L - \int_0^L V_*(\xi)\frac{\partial\hat{u}(z, \xi)}{\partial\xi}\mathrm{d}\xi$$

$$= V_*(\xi)\hat{u}(z, \xi)\Big|_0^L - \int_0^L \frac{\mathrm{d}M_*(\xi)}{\mathrm{d}\xi}\frac{\partial\hat{u}(z, \xi)}{\partial\xi}\mathrm{d}\xi$$

$$= V_*(\xi)\hat{u}(z, \xi)\Big|_0^L - M_*(\xi)\frac{\partial\hat{u}(z, \xi)}{\partial\xi}\Big|_0^L + \int_0^L M_*(\xi)\frac{\partial^2\hat{u}(z, \xi)}{\partial\xi^2}\mathrm{d}\xi \tag{2.14}$$

利用式(2.7)和式(2.8),并考虑 $\dfrac{\partial\hat{u}_x(z, \xi)}{\partial\xi}$ 的间断性,式(2.14)可以写为

$$\int_0^L \frac{\mathrm{d}V_*(\xi)}{\mathrm{d}\xi}\hat{u}(z, \xi)\mathrm{d}\xi = V_*(\xi)\hat{u}(z, \xi)\Big|_0^L + M(0)\frac{\partial\hat{u}(0, \xi)}{\partial\xi}$$

$$+ M_*(z)\frac{\partial\hat{u}(z, \xi)}{\partial\xi}\Big|_{z^-}^{z^+} + \int_0^L M_*(\xi)\frac{\partial^2\hat{u}(z, \xi)}{\partial\xi^2}\mathrm{d}\xi \tag{2.15}$$

将式(2.15)代入式(2.13)并化简,则得到

$$u_*(z) = V(0)\hat{u}_x(z, 0) - M(0)\frac{\partial\hat{u}(z, 0)}{\partial\xi} - M_*(z)\frac{\partial\hat{u}(z, \xi)}{\partial\xi}\Big|_{z^-}^{z^+} - \int_0^L M_*(\xi)\frac{\partial^2\hat{u}}{\partial\xi^2}(z, \xi)\mathrm{d}\xi \quad (0 \leqslant z \leqslant L) \tag{2.16}$$

如图 2.2 所示,设在半径 $a(a > 0)$ 为圆形范围内作用合力为单位力的水平力

$$P = \frac{1}{2\pi a\sqrt{a^2 - r^2}} \tag{2.17}$$

由式(2.17),在圆形荷载作用平面的圆心处有

$$\tau_{zx}(z, z^+) - \tau_{zx}(z, z^-) = -\frac{1}{2A} \tag{2.18}$$

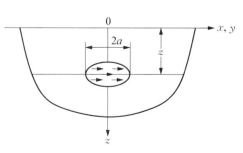

图 2.2　弹性半空间土体中水平圆形荷载

式中，A 为半径为 a 的荷载作用面面积，根据广义胡克定律有

$$\gamma_{zx}(z,\,z^+)-\gamma_{zx}(z,\,z^-)=\frac{1}{G_s}[\tau_{zx}(z,\,z^+)-\tau_{zx}(z,\,z^-)]=-\frac{1}{2G_sA} \tag{2.19}$$

由式(2.19)可以得到

$$\frac{\partial\hat{u}(z,\,z^+)}{\partial\xi}-\frac{\partial\hat{u}(z,\,z^-)}{\partial\xi}=-\frac{1}{2G_sA} \tag{2.20}$$

式中，$\dfrac{\partial\hat{u}(z,\,\xi)}{\partial\xi}$ 即为荷载作用 xoz 面内桩轴线对于 z 轴的倾角。利用上式，可以简化计算，从而减小计算量。

假设虚拟桩 $u_*(z)$ 为

$$u_*(z)=-\int_0^L g(z,\,\xi)M_*(\xi)\mathrm{d}\xi+u_*(0)\left(1-\frac{z}{L}\right)+u_*(L)\left(\frac{z}{L}\right) \tag{2.21}$$

式中，

$$g(z,\,\xi)=\frac{1}{E_*I}\begin{cases}\left(1-\dfrac{\xi}{L}\right)z & (z<\xi)\\[2mm]\left(1-\dfrac{z}{L}\right)\xi & (z>\xi)\end{cases} \tag{2.22}$$

为了进行无量纲分析，假设以下参数

$$\bar{z}=\frac{z}{a},\ \bar{\xi}=\frac{\xi}{a},\ \bar{L}=\frac{L}{a},\ \bar{E}=\frac{E_p}{E_s},\ \kappa=\frac{8}{(1+v_s)(\bar{E}-1)},\ \bar{M}(0)=\frac{M(0)}{4\pi G_s a^3},$$

$$\bar{M}(z)=\frac{M_*(\bar{z})}{4\pi G_s a^3},\ \bar{u}(z)=\frac{u_*(\bar{z})}{a},\ \bar{V}(0)=\frac{V(0)}{4\pi G_s a^2},\ \bar{V}(z)=\frac{V_*(\bar{z})}{4\pi G_s a^2}$$

式中，G_s 和 v_s 分别是土的剪切模量和泊松比。式(2.20)代入式(2.16)并由式(2.21)可得到用无量纲参数表示的控制方程为

$$B(\bar{z})\bar{u}(0)+C(\bar{z})\bar{u}(\bar{L})+\int_0^L K(\bar{z},\,\bar{\xi})\bar{M}(\bar{\xi})\mathrm{d}\bar{\xi}-2\bar{M}(\bar{z})$$

$$=\bar{V}(0)\bar{U}(\bar{z},\,0)-\bar{M}(0)\left.\frac{\partial\bar{U}(\bar{z},\,\bar{\xi})}{\partial\bar{\xi}}\right|_{\bar{\xi}=0}\quad(0\leqslant\bar{z}\leqslant\bar{L}) \tag{2.23}$$

式中，

$$B(\bar{z})=\left(1-\frac{\bar{z}}{\bar{L}}\right),\ C(\bar{z})=\frac{\bar{z}}{\bar{L}},\ \bar{U}(\bar{z},\,\bar{\xi})=4\pi G_s a\hat{u}(z,\,\xi),$$

$$G(\bar{z},\,\bar{\xi})=\begin{cases}\left(1-\dfrac{\bar{\xi}}{\bar{L}}\right)\bar{z} & (\bar{z}<\bar{\xi})\\[2mm]\left(1-\dfrac{\bar{z}}{\bar{L}}\right)\bar{\xi} & (\bar{z}>\bar{\xi})\end{cases},$$

$$K(\bar{z}, \bar{\xi}) = \frac{\partial^2 \bar{U}}{\partial \bar{\xi}^2}(\bar{z}, \bar{\xi}) - \kappa G(\bar{z}, \bar{\xi}) \tag{2.24}$$

式(2.24)与式(2.7)和式(2.8)联立可以直接求解,其中待求的未知量为虚拟桩的桩身弯矩、桩顶水平位移和桩底的水平位移。

2.2.2　单桩桩身水平位移和斜度的解答

用无量纲参数表示虚拟桩的位移为

$$\bar{u}(\bar{z}) = -\int_0^{\bar{L}} \kappa G(\bar{z}, \bar{\xi}) \bar{M}(\bar{\xi}) \mathrm{d}\bar{\xi} + \bar{u}(0)\left(1 - \frac{\bar{z}}{\bar{L}}\right) + \bar{u}(\bar{L})\left(\frac{\bar{z}}{\bar{L}}\right) \tag{2.25}$$

虚拟桩的桩身斜度 $\theta(\bar{z})$ 可以表示为

$$\theta(\bar{z}) = \frac{\mathrm{d}\bar{u}(\bar{z})}{\mathrm{d}\bar{z}} \tag{2.26}$$

式(2.25)代入式(2.26)可以得到虚拟桩的斜度表达式,即

$$\theta(\bar{z}) = -\int_0^{\bar{L}} \kappa H(\bar{z}, \bar{\xi}) \bar{M}(\bar{\xi}) \mathrm{d}\bar{\xi} + \frac{1}{\bar{L}}\left[\bar{u}(\bar{L}) - \bar{u}(0)\right] \tag{2.27}$$

式中,

$$H(\bar{z}, \bar{\xi}) = \begin{cases} 1 - \dfrac{\bar{\xi}}{\bar{L}} & (\bar{z} < \bar{\xi}) \\[2mm] -\dfrac{\bar{\xi}}{\bar{L}} & (\bar{z} > \bar{\xi}) \end{cases} \tag{2.28}$$

2.2.3　位移影响函数的解答

Pak(1989)根据 Muki(1960)的方法求解弹性非轴对称问题的位移影响函数 $\hat{u}(z, \xi)$,本书根据 Mindlin 解求解位移影响函数 $\hat{u}(z, \xi)$。半无限空间体深度 c 处作用一水平集中力 P 时,深度 z 处力作用方向的水平位移为

$$u' = \frac{P}{16\pi G_s(1-\mu_s)}\left[\frac{3-4\mu_s}{R_1} + \frac{1}{R_2} + \frac{x^2}{R_1^3} + \frac{(3-4\mu_s)x^2}{R_2^3} + \frac{2cz}{R_2^3}\left(1 - \frac{3x^2}{R_2^2}\right)\right.$$
$$\left. + \frac{4(1-\mu_s)(1-2\mu_s)}{(R_2+z+c)}\left(1 - \frac{x^2}{R_2(R_2+z+c)}\right)\right] \tag{2.29}$$

式中, $R_1 = \left[r^2 + (z-c)^2\right]^{\frac{1}{2}}$, $R_2 = \left[r^2 + (z+c)^2\right]^{\frac{1}{2}}$。

由式(2.17)和式(2.29),位移影响函数 $\hat{u}(z, c)$ 可以表示为

$$\hat{u}(z, c) = \int_0^a \int_0^{2\pi} \frac{u'r}{2\pi a\sqrt{a^2 - r^2}} \mathrm{d}r\mathrm{d}\theta \tag{2.30}$$

式中,

$$\int_0^a \int_0^{2\pi} \frac{r}{\sqrt{a^2-r^2}} \left(\frac{3-4\mu_s}{R_1} + \frac{1}{R_2}\right) dr\,d\theta = (6-8\mu_s)\pi\arctan\frac{a}{d_1} + 2\pi\arctan\frac{a}{d_2}$$

$$\int_0^a \int_0^{2\pi} \frac{r}{\sqrt{a^2-r^2}} \left[\frac{x^2}{R_1^3} + \frac{(3-4\mu_s)x^2}{R_2^3}\right] dr\,d\theta$$

$$= \int_0^a \int_0^{2\pi} \frac{r}{\sqrt{a^2-r^2}} \left[\frac{r^2+d_2^2-d_1^2}{(r^2+d_1^2)^{\frac{3}{2}}} + \frac{(3-4\mu_s)r^2}{R_2^3}\right] \cos^2\theta \, dr\,d\theta$$

$$= \pi\arctan\frac{a}{d_1} - \frac{ad_1\pi}{a^2+d_1^2} + \pi\arctan\frac{a}{d_2} - \frac{ad_2\pi}{a^2+d_2^2}$$

$$\int_0^a \int_0^{2\pi} \frac{r}{\sqrt{a^2-r^2}} \frac{2cz}{R_2^3}\left(1 - \frac{3x^2}{R_2^2}\right) dr\,d\theta = \frac{4acd_2\pi z}{(a^2+d_2^2)^2}$$

$$\int_0^a \int_0^{2\pi} \frac{1}{\sqrt{a^2-r^2}} \frac{4(1-\mu_s)(1-2\mu_s)}{(R_2+z+c)}\left[1 - \frac{x^2}{R_2(R_2+z+c)}\right] dr\,d\theta$$

$$= 4(1-\mu_s)(1-2\mu_s)\int_0^a \int_0^{2\pi} \frac{1}{\sqrt{a^2-r^2}} \left[\frac{1}{(R_2+d_2)} - \frac{r^2+2d_2^2+2d_2\sqrt{r^2+d_2^2} - (2d_2^2+2d_2\sqrt{r^2+d_2^2})\cos^2\theta}{R_2(R_2+d_2)^2}\right] dr\,d\theta$$

$$= 4(1-\mu_s)(1-2\mu_s)\int_0^a \int_0^{2\pi} \frac{1}{\sqrt{a^2-r^2}} \left[\frac{1}{(R_2+d_2)} - \frac{\cos^2\theta}{R_2} + \frac{2d_2\cos^2\theta}{R_2(R_2+d_2)}\right] dr\,d\theta$$

$$= 4(1-\mu_s)(1-2\mu_s)\int_0^a \int_0^{2\pi} \frac{1}{\sqrt{a^2-r^2}} \left[\frac{1}{(R_2+d_2)} - \frac{\cos^2\theta}{R_2} + \frac{2\cos^2\theta}{R_2} - \frac{2\cos^2\theta}{R_2+d_2}\right] dr\,d\theta$$

$$= 4(1-\mu_s)(1-2\mu_s)\int_0^a \int_0^{2\pi} \frac{1}{\sqrt{a^2-r^2}} \frac{\cos^2\theta}{R_2} dr\,d\theta$$

$$= (4-12\mu_s+8\mu_s^2)\pi\arctan\frac{a}{d_2}$$

整理化简式(2.31)并由 $\widehat{U}(\bar{z}, \bar{\xi}) = 4\pi G_s a \hat{u}(z, \xi)$，可以计算出

$$\widehat{U}(\bar{z}, \bar{\xi}) = \frac{1}{8(1-\mu_s)} \left\{ \begin{array}{l} (7-8\mu_s)\tan^{-1}\left(\dfrac{1}{d_1}\right) + (9-16\mu_s+8\mu_s^2)\tan^{-1}\left(\dfrac{1}{d_2}\right) \\[2mm] -\dfrac{d_1}{1+d_1^2} - (3-4\mu_s)\dfrac{d_2}{1+d_2^2} + \dfrac{4\bar{z}\bar{\xi}d_2}{(1+d_2^2)^2} \end{array} \right. \tag{2.31}$$

式中，$d_1 = |\bar{z}-\bar{\xi}|$，$d_2 = \bar{z}+\bar{\xi}$。

2.3　桩顶固定时单桩的积分方程解法

上一节中介绍了桩顶自由时单桩桩身弯矩、水平位移和斜度的积分方程解法，本节介绍桩顶固定时单桩的积分方程解法。梁发云等(2012)根据 Hetenyi(1946)的分析方法，首先分别计算桩顶自由条件下受水平荷载 $V(0)$ 或弯矩 $M(0)$ 等单一荷载作用的桩顶转角，绘制成桩顶转角与荷载函数的关系曲线。通过该函数曲线再确定桩顶转角等于零时，对应于桩顶

作用的水平荷载和弯矩组合情况。基于给定的水平荷载和等效弯矩作用,根据桩顶自由时单桩的积分方法求解方法,即可求解桩顶固定条件下的桩身荷载和位移。

在本书中,根据 Poulos 等(1980)的分析方法,桩顶固定时桩顶转角等于零的条件,即

$$\theta(0) = 0 \tag{2.32}$$

由式(2.27)有

$$-\int_0^{\bar{L}} \kappa H(0,\bar{\xi})\bar{M}(\bar{\xi})\mathrm{d}\bar{\xi} + \frac{1}{\bar{L}}[\bar{u}(\bar{L}) - \bar{u}(0)] = 0 \tag{2.33}$$

式(2.33)与式(2.24)联立求解可以得到桩顶固定时单桩的桩身弯矩,桩顶固定时单桩的水平位移和斜度与桩顶自由时的求解方法相同,即同样可以由式(2.25)和式(2.27)分别得到顶固定时单桩的水平位移和斜度。

2.4　算例验证

2.4.1　桩顶自由

1. 分段数对精度的影响

为了确定桩身分段数对两根桩之间相互作用系数计算精度的影响,图 2.3 给出了仅受水平力的桩顶位移与桩体分段数之间的关系,桩体分段数表示为:$n = \delta L/d$,其中,d 为桩的直径,δ 表示单位桩长 L/d 的分段数。计算中取不同的桩土弹性模量比 $E_\mathrm{p}/E_\mathrm{s} = 10$、$100$、$10\,000$、不同的桩长细比 $L/d = 20$、60、80、100、不同的土的泊松比 $\mu_\mathrm{s} = 0.15$、0.25、0.49 情况下,考察了单位桩长分段数 δ 对仅受水平力的桩顶自由桩的位移计算精度的影响。

比较图 2.3a~d 可以发现图中所示各种情况下数值计算结果呈现出相同的规律,桩长细比 L/d、地基土泊松比和桩土弹性模量比均对数值计算精度的影响不明显,其中桩长细比对计算结果的影响规律与 Cao 等(2008)的竖向荷载作用下的分析结果一致。

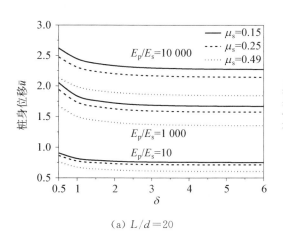

(a) $L/d = 20$

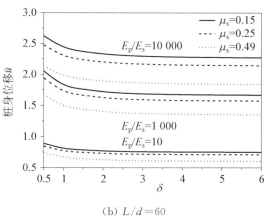

(b) $L/d = 60$

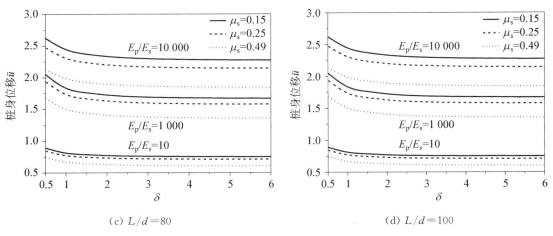

（c）$L/d=80$　　　　　　　　（d）$L/d=100$

图 2.3　桩分段数对桩顶位移的影响

　　综合以上分析以及 Cao 等（2008）的分析结果，当桩的分段数 $\delta \geqslant 3$ 时，数值结果已经稳定。虽然桩体分段数越多，计算精度越高，但随着计算精度的提高，计算耗时也在增加。

2. 与 Pak(1989)计算结果的比较

　　为了验证本书水平荷载作用下单桩工程性状计算方法的正确性，下面与均质地基中 Pak（1989）的计算结果进行比较。均质地基计算参数：泊松比 $\mu_s = 0.25$，桩土弹性模量比分别为 $E_p/E_s = 1\,000$、$5\,000$，桩长细比 $L/a = 50$。

　　从图 2.4 和图 2.5 可以看出，对桩顶分别单独作用水平力和水平弯矩荷载时的桩身的弯矩、转角和位移分布，两种计算方法所得计算结果数值大小基本一致，说明本书对单桩的工程性状的计算方法是正确的，同时也验证了本书计算程序的正确性。

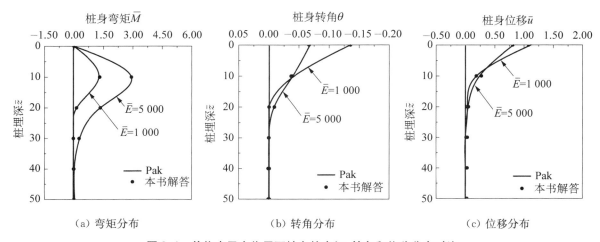

（a）弯矩分布　　　　　　　　（b）转角分布　　　　　　　　（c）位移分布

图 2.4　单位水平力作用下桩身的弯矩、转角和位移分布对比

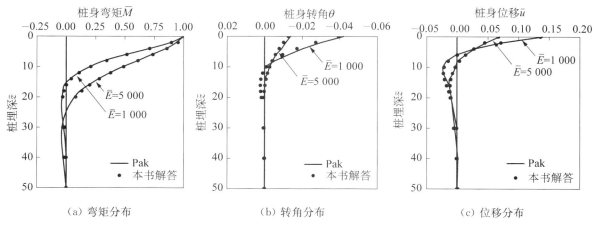

图 2.5　单位水平弯矩作用下桩身的弯矩、转角和位移分布对比

3. 与 Poulos 等（1980）计算结果的比较

为了说明本书计算结果与其他学者解答的区别，图 2.6 和图 2.7 分别给出了桩顶自由桩在桩顶单独作用弯矩和水平力荷载时本书计算结果与 Poulos 等（1980）解答的对比。土的泊松比 $\mu_s = 0.50$，桩的柔度系数 $K_R = E_p I_p / E_s L^4 = 1$ 和 10^{-4}，桩长细比 $L/d = 25$。从图 2.6 和图 2.7 可以看出，当 $K_R = 1$ 时，即桩身刚度较大的桩，两种计算方法所得计算结果数值大小基本一致。但当 $K_R = 10^{-5}$ 时，即桩身刚度较小的桩，本书计算结果与 Poulos 等（1980）解答有区别。这是由于在计算桩—土相互作用时采用的计算模型不同，在本书的计算中，考虑了桩土分离以后桩所在位置孔洞的存在，在理论上更加严密，误差更小。

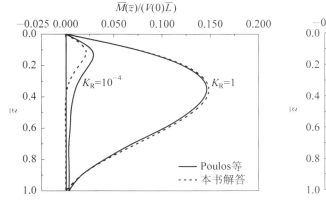
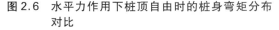

图 2.6　水平力作用下桩顶自由时的桩身弯矩分布对比

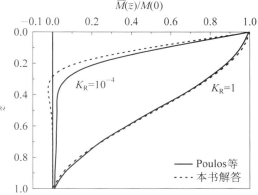

图 2.7　弯矩作用下桩顶自由时的桩身弯矩分布对比

4. 与 Poulos（1971a）、Banerjee 等（1978）和 Randoph（1981）计算结果的比较

将本书虚拟桩方法得到的桩顶自由时水平荷载作用下的桩顶位移，与 Poulos（1971a）的弹性理论解答、Banerjee 等（1978）的近似弹性理论解答和 Randoph（1981）的有限单元解答进行了比较。在本书计算中，土的泊松比 $\mu_s = 0.50$，桩长细比 $L/d = 20$，$G^* = G(1 + 3/4\mu)$。

从图 2.8 可以看出，当 $E_p / G^* > 1000$ 时，即桩身刚度较大的桩，4 种计算方法所得计算结果相差不大。但当 $E_p/G^* < 1\,000$ 时，即桩身刚度较小时，本书计算结果介于 Banerjee 等 (1978) 和 Randoph(1981) 计算结果之间。

Poulos(1971a) 的计算结果显示桩顶自由桩的桩顶位移与桩长有关，但 Randoph(1981) 认为桩长并不影响桩顶位移的大小，这可能是由于 Poulos(1971a) 的数值计算结果不够准确 [Evangelista 等(1976)]。同时从图 2.9 中也可以看出，当桩长细比 L/a 从 40 到 120，$E_p/G^* < 10^5$，桩的长度与位移大小没有关系。

为了进一步验证本书计算结果的正确性，与 Randoph(1981) 的计算结果进行了比较，土的泊松比 $\mu_s = 0.50$，桩长细比 $L/d = 20$，从图 2.10 中可以看出，当桩顶受到水平弯矩作用的时候，两种方法的计算结果较为接近；当桩顶受到水平力作用的时候，特别是当桩的刚度较小的时候，两种计算方法相差较大，最大相差 20%，但当桩的刚度较大的时候，两种计算结果相差不大。

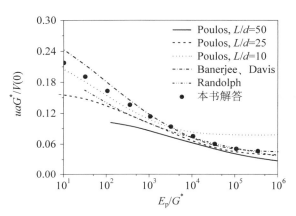

图 2.8　水平力作用下桩顶自由时的桩顶位移对比

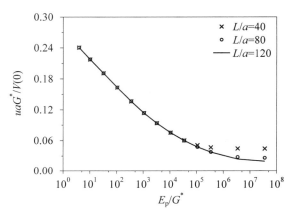

图 2.9　水平力作用下桩顶自由时不同桩长的桩顶位移

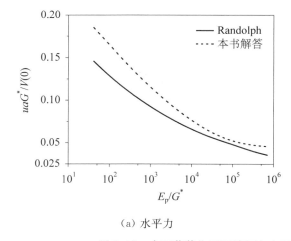

（a）水平力

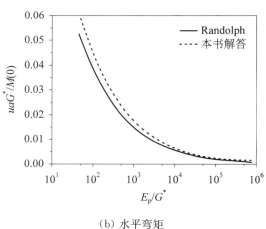

（b）水平弯矩

图 2.10　水平荷载作用下桩顶自由时桩顶位移随桩土弹性模量比的变化

2.4.2　桩顶固定

图 2.11 给出了桩顶固定桩时本书计算结果与 Poulos 等(1980) 解答的对比。土的泊

松比 $\mu_s = 0.50$，桩的柔度系数 $K_R = E_p I_p / E_s L^4 = 1$ 和 10^{-4}，桩长细比 $L/d = 25$。与桩顶自由桩的对比结果类似，当 $K_R = 1$ 时，即桩身刚度较大的桩，两种计算方法所得计算结果数值大小基本一致。但当 $K_R = 10^{-4}$ 时，即桩身刚度较小的桩，本书计算结果与 Poulos 等（1980）解答有区别。这是由于两种方法在计算桩—土相互作用时采用的计算模型不同，在本书的计算中，考虑了桩土分离以后桩所在位置孔洞的存在，在理论上更加严密，误差更小。

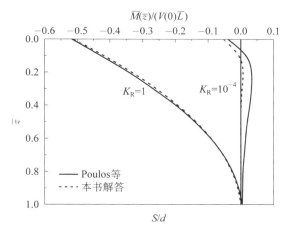

图 2.11　桩顶固定时的桩身弯矩分布对比

为了进一步说明本书计算结果与 Poulos 等（1980）解答的区别，图 2.12 给出了对比结果。土的泊松比 $\mu_s = 0.50$，桩长细比 $L/d = 10$ 和 50，d 为桩的直径。从图 2.12 可以看出，对于不同的桩长细比，当 $K_R \geqslant 0.5$ 时，即桩身刚度较大的桩，两种计算方法所得计算结果数值大小基本一致。但当 $K_R < 0.01$ 时，即桩身刚度越小时，本书计算结果与 Poulos 等（1980）解答的区别越明显。这是由于在计算桩—土相互作用时采用的计算模型不同。

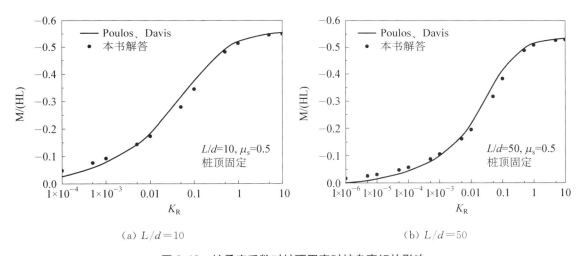

（a）$L/d = 10$　　　　　　　　　　　　　（b）$L/d = 50$

图 2.12　桩柔度系数对桩顶固定时桩身弯矩的影响

2.5　参数分析

2.5.1　桩顶自由

为了考察单桩分别在水平单位荷载作用下和单位弯矩荷载作用下的工程性状，对影响桩身弯矩分布、桩身位移分布和桩身转角分布的桩长细比、桩土弹性模量比参数进行了系统的分析。土的泊松比 $\mu_s=0.3$，桩土弹性模量比分别为 $E_p/E_s=100$、$1\,000$、$5\,000$ 和 $10\,000$，桩长细比分别为 $L/a=20$、40、80 和 160。

1. 单位水平力作用下桩身的弯矩、转角和位移分布

从图 2.13 可以看出，桩身的弯矩沿桩的埋深，先增加，再减小，具体有如下分布规律：

（1）桩土弹性模量比对桩身最大弯矩的位置有明显的影响，当桩长细比 $L/a=40$ 的时候，可以明显看出随着桩刚度的增加，桩身最大弯矩的位置在加深。另外，当桩顶自由桩桩顶作用单位水平荷载时，桩的刚度越大，桩身的最大弯矩值也越大。

（2）桩长细比对桩身最大弯矩的位置也有明显的影响，从图 2.13a～d 可以看出，随着桩长细比的增加，桩身最大弯矩的位置也在下移。

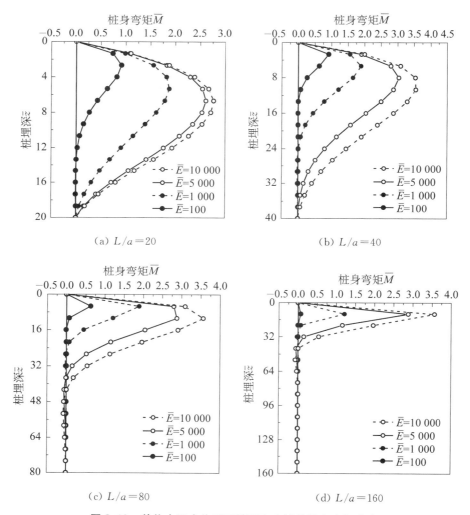

图 2.13　单位水平力作用下桩顶自由桩的桩身弯矩分布

从图 2.14 可以看出,桩身的最大转角位置在桩顶,随着桩的埋深增加,桩身的转角逐渐减小,具体有如下分布规律:

（1）桩土弹性模量比对桩顶转角值大小有明显的影响,桩的刚度越大,桩顶转角值绝对值越小。相反,桩的刚度越大,桩身的转角为零的位置越深。

（2）当桩长细比分别为 $L/a=20$、40、80 和 160 的时候,桩长细比对对桩顶转角值大小没有明显的影响。

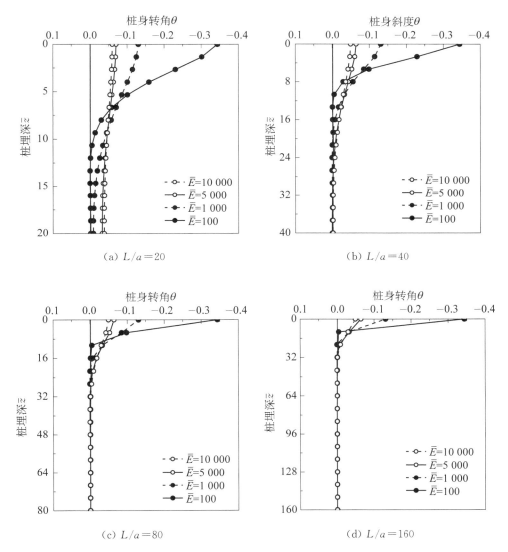

图 2.14　单位水平力作用下桩顶自由桩的桩身转角分布

从图 2.15 可以看出,桩身的最大位移位置在桩顶,随着桩的埋深增加,桩身的位移逐渐减小,具体有如下分布规律:

（1）桩土弹性模量比对桩顶位移值大小有明显的影响,桩的刚度越大,桩顶位移值越小。

（2）当桩长细比分别为 $L/a=20$、40、80 和 160 的时候，桩长细比对对桩顶位移值大小没有明显的影响；但对桩底的位移大小有明显的影响，如当 $L/a=20$，桩土弹性模量比分别为 $E_p/E_s=10\,000$ 时，桩底有负位移，而对于桩长细比分别为 $L/a=40$、80、160 和不同的桩土弹性模量比的时候，桩底都没有明显的负位移。

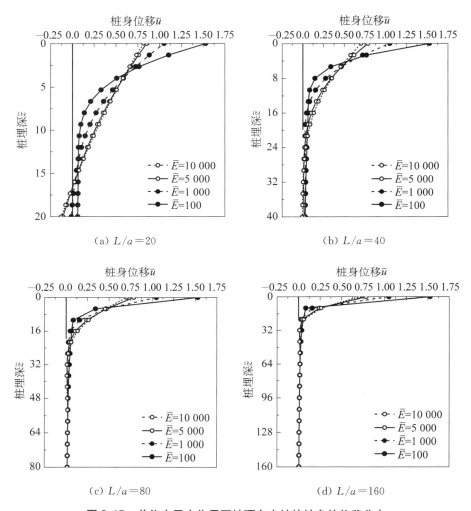

图 2.15　单位水平力作用下桩顶自由桩的桩身的位移分布

2. 单位弯矩作用下桩身的弯矩、转角和位移分布

从图 2.16 可以看出，桩顶自由桩在桩顶单位弯矩作用下，桩身的弯矩沿桩的埋深，由桩顶的单位弯矩减小到桩底弯矩等于零。具体有如下分布规律：

（1）桩土弹性模量比对桩身弯矩的分布有明显的影响，桩身刚度越大，桩身弯矩从单位弯矩减小到 0 的位置越深，如图 2.16b～d 所示。如果弯矩为零的位置不在桩底，在该位置的下部会出现负弯矩，如图 2.16a 中桩土弹性模量比 $E_p/E_s=100$，在桩埋深 $L/a=8$ 的位置,桩身弯矩减小为 0,在桩埋深 $L/a=8$ 以下位置出现负弯矩。

(2) 从图 2.16a～d 中可以看出,当桩土弹性模量比 $E_p/E_s=100$ 和 1 000 时,桩埋深对桩身弯矩为 0 的位置没有明显的影响;另外,对于不同的桩身刚度,在桩身的某一位置都会出现弯矩为 0 的位置以及负弯矩。

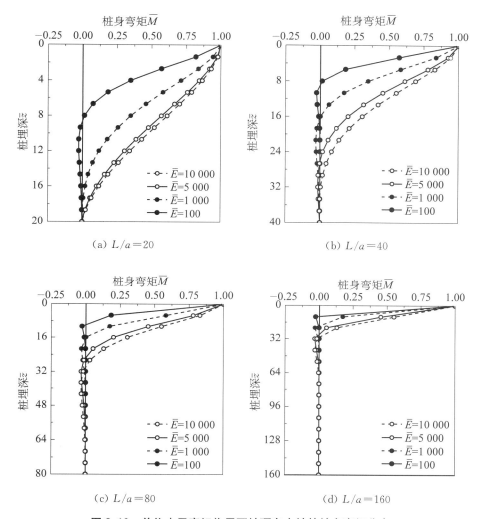

图 2.16　单位水平弯矩作用下桩顶自由桩的桩身弯矩分布

从图 2.17 可以看出,与桩顶作用单位水平荷载桩身转角分布规律一样,桩顶作用单位弯矩荷载时,桩身的最大转角位置也在桩顶,随着桩的埋深增加,桩身的转角逐渐减小,具体有如下分布规律:

(1) 桩土弹性模量比对桩顶转角值大小有明显的影响,桩的刚度越大,桩顶转角值绝对值越小。相反,桩的刚度越大,桩身的转角为零的位置越深。

(2) 当桩长细比分别为 $L/a=20$、40、80 和 160 的时候,桩长细比对对桩顶转角值大小没有明显的影响。

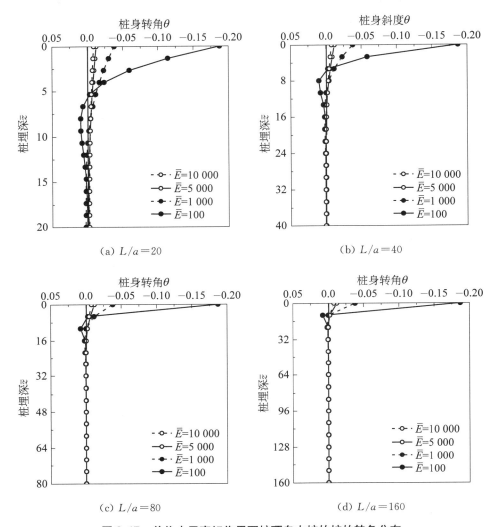

(a) $L/a=20$ (b) $L/a=40$

(c) $L/a=80$ (d) $L/a=160$

图 2.17 单位水平弯矩作用下桩顶自由桩的桩的转角分布

从图 2.18 可以看出,与桩顶作用单位水平荷载桩身位移分布规律一样,桩顶作用单位弯矩荷载时,桩身的最大位移位置也在桩顶,随着桩的埋深增加,桩身的位移逐渐减小,具体有如下分布规律:

(1) 桩土弹性模量比对桩顶位移值大小有明显的影响,桩的刚度越大,桩顶位移值越小。

(2) 当桩长细比分别为 $L/a=20$、40、80 和 160 的时候,桩长细比对对桩顶位移值大小没有明显的影响。

(3) 与单位水平力作用下桩的转角分布图 2.14 对比发现,对于不同的桩刚度和桩埋深,桩顶作用单位弯矩的桩顶位移值大小等于桩顶作用单位水平力的桩顶转角绝对值。

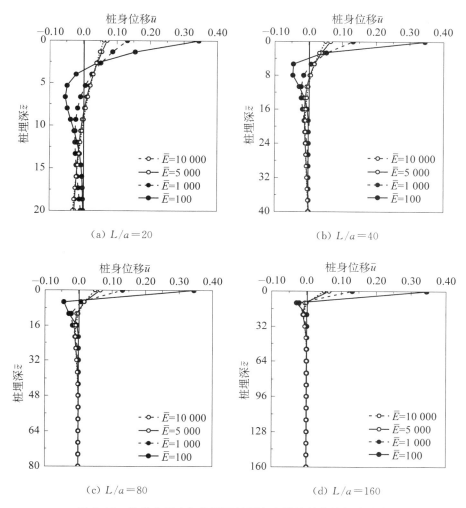

图 2.18　单位水平弯矩作用下桩顶自由桩的桩身的位移分布

2.5.2　桩顶固定

为了考察桩顶固定单桩在水平单位荷载作用下桩的工程性状,对影响桩身弯矩分布、桩身位移分布和桩身转角分布的桩长细比、桩土弹性模量比参数进行了系统的分析。土的泊松比为 $\mu_s = 0.3$,桩土弹性模量比分别为 $E_p/E_s = 100$、$1\,000$、$5\,000$ 和 $10\,000$,桩长细比分别为 $L/a = 20$、40、80 和 160。

从图 2.19 可以看出,当桩顶作用单位水平荷载时,为了保持桩顶转角等于零,受约束的桩顶同时作用有负弯矩,最大负弯矩出现在桩顶处,桩身的负弯矩沿桩的埋深由大减小到 0,具体有如下分布规律:

(1)桩土弹性模量比对桩身弯矩的分布有明显的影响,桩身刚度越大,桩身弯矩从负弯矩减小到 0 的位置越深,如图 2.19b~d 所示。如果负弯矩为 0 的位置不在桩底,在该位置的下部会出现正弯矩,如图 2.19a 所示,当桩土弹性模量比 $E_p/E_s = 100$ 时,在桩埋深靠近

$L/a = 2.7$ 的位置,桩身负弯矩减小为 0,在靠近桩埋深 $L/a = 2.7$ 以下位置出现了正弯矩。

(2) 从图 2.19a～d 中可以看出,当桩土弹性模量比 $E_p/E_s = 100$ 和 1000 时,桩埋深对桩身弯矩为 0 的位置没有明显的影响。但是,对于不同的桩身刚度,当桩埋深到一定的深度,桩身都会出现负弯矩为 0 的位置以及正弯矩,如对于桩土弹性模量比 $E_p/E_s = 10\,000$,在桩埋深 $L/a = 20$ 时,桩身没有出现正弯矩,但当桩埋深靠近 $L/a = 40$、80 和 160 时,桩身都出现了正弯矩。

(3) 桩土弹性模量比对桩顶最大负弯矩有明显的影响,桩的刚度越大,桩顶的最大负弯矩值也越大。桩长细比对桩顶最大负弯矩的大小没有明显的影响。

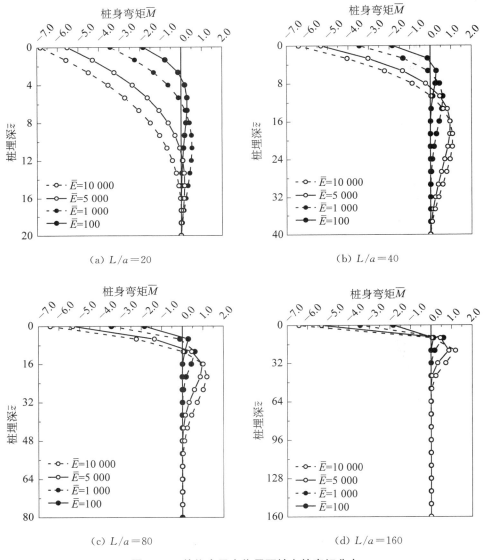

图 2.19　单位水平力作用下桩身的弯矩分布

从图 2.20 可以看出,桩顶的转角为 0,说明桩顶转角为 0,桩顶固定。随着桩的埋深增

加,桩身的转角具体有如下分布规律:

(1) 当桩长细比分别为 $L/a=20$、40 和 80 时,桩土弹性模量比对桩身转角绝对值的最大值的分布有明显的影响,桩的刚度越大,桩身转角值绝对值的最大值越小,即桩身转角值绝对值的最大值与桩身刚度成反比。但当桩长细比为 $L/a=160$ 时,桩身转角值绝对值的最大值与桩身刚度并不成反比关系。

(2) 对于不同的桩身刚度,当桩埋深到一定的深度,桩身转角绝对值都是先增加,再逐渐减小。如对于桩土弹性模量比 $E_\mathrm{p}/E_\mathrm{s}=10\,000$,在桩埋深 $L/a=20$ 和 40 时,桩身没有出现转角为 0 的位置,但当桩埋深靠近 $L/a=80$ 和 160 时,桩身都出现了转角为 0 的位置。

(3) 桩长细比对桩身转角绝对值的最大值的位置没有明显的影响。

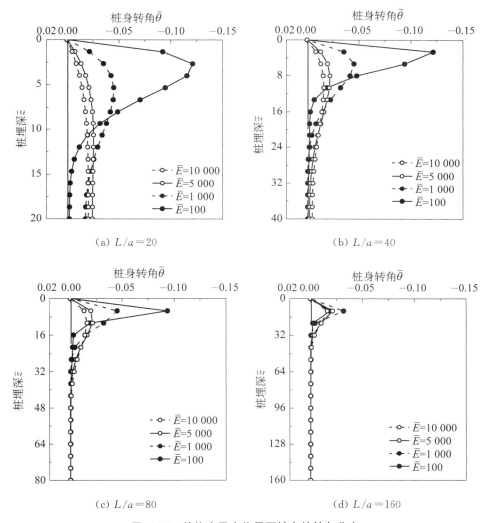

图 2.20　单位水平力作用下桩身的转角分布

从图 2.21 可以看出,桩身的最大位移位置在桩顶,随着桩的埋深增加,桩身的位移逐渐减小,具体有如下分布规律:

（1）桩土弹性模量比对桩顶位移值大小有明显的影响，桩的刚度越大，桩顶位移值越小。

（2）对于不同的桩土弹性模量比，桩长细比分别为 $L/a=20$、40、80 和 160 的时候，桩长细比对桩顶位移值大小没有明显的影响。

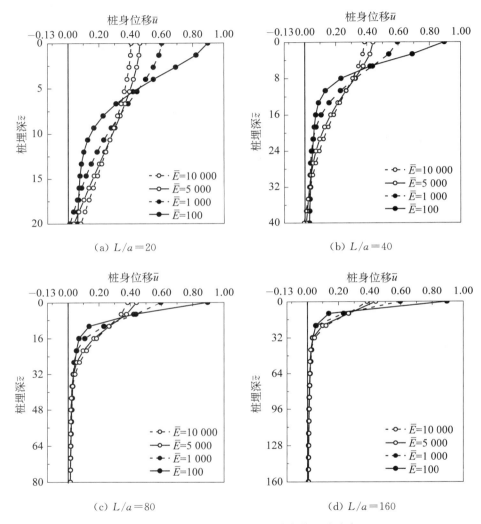

图 2.21　单位水平力作用下桩身的位移分布

2.6　本章小结

本章通过广义胡克定律推导出了 Pak(1989)方法求解水平荷载作用下桩身的弯矩、位移和转角的第二类 Fredholm 积分方程中的间断点的解析解，从而提高了第二类 Fredholm 积分方程的数值计算精度并简化了计算程序的编写。

对影响均质地基中桩身的弯矩、位移和转角的桩土弹性模量比和桩的埋深进行了系统的研究,分别考察了均质地基中桩顶自由和桩顶固定桩的桩身弯矩、位移和转角特性。通过参数分析,得出的一些结论可以供工程实际参考。

1. 对于桩顶自由桩有如下结论

(1) 桩土弹性模量比和桩长细比均对单位水平力作用下桩身最大弯矩的位置有影响,而桩土弹性模量比对单位水平力作用下桩顶转角和位移的大小有明显的影响,桩长细比对桩顶转角和位移的大小没有明显的影响。

(2) 桩土弹性模量比对桩顶作用单位弯矩下桩身弯矩的分布有明显的影响,桩身刚度越大,桩身弯矩从单位弯矩减小到 0 的位置越深;对于不同的桩身刚度,在桩身的某一位置都会出现弯矩为 0 的位置以及负弯矩。

桩土弹性模量比对桩顶作用单位弯矩下桩顶转角和位移的大小有明显的影响,但桩长细比对桩顶转角和位移的大小没有明显的影响。

(3) 对于不同的桩刚度和桩埋深,桩顶作用单位弯矩的桩顶位移值大小等于桩顶作用单位水平力的桩顶转角绝对值。

2. 对于桩顶固定桩有如下结论

(1) 桩土弹性模量比对桩身弯矩的分布有明显的影响,桩身刚度越大,桩身弯矩从负弯矩减小到 0 的位置越深。

对于不同的桩身刚度,当桩埋深到一定的深度,桩身都会出现负弯矩为 0 的位置以及正弯矩。

桩土弹性模量比对桩顶最大负弯矩有明显的影响,桩的刚度越大,桩顶的最大负弯矩值也越大。桩长细比对桩顶最大负弯矩的大小没有明显的影响。

(2) 对于不同的桩身刚度,当桩埋深到一定的深度,桩身转角绝对值都是先增加,再逐渐减小。

(3) 桩土弹性模量比对桩顶位移值大小有明显的影响,桩的刚度越大,桩顶位移值越小。

第 3 章

两根相同桩桩间相互作用系数特性研究

3.1 引言

水平荷载作用下桩的分析方法主要有三种：一是将桩周土视为弹簧的地基反力法，二是将桩周土模拟为弹性连续介质的弹性理论法[Poulos(1971a，1971b，1972)]，三是有限单元法[Youngho 等(2011)]。

在有限元法模拟无限域中，为了保证计算的精度，在实际工程的分析中要考虑很大一部分桩周土体，这样就导致计算量的增大，对计算机的高要求很高限制了其在实际工程中的应用。地基反力法由于没有考虑土体的连续性，在理论上不够严密。弹性理论法把地基土体视为弹性连续体，克服了地基反力法只能用地基反力系数这一模型参数来描述土体变形性质的缺点。

Spillers(1964)利用弹性理论法对水平荷载作用下的单桩进行了研究。之后，Poulos 根据弹性理论法分别对水平受荷单桩、群桩、嵌岩桩进行了研究。Muki 等(1970)提出的虚拟桩模型由于能够考虑桩土分离以后在原桩所在位置留下的孔洞，所以相对以上弹性理论方法计算结果更加准确[Cao 等(2008)]。陆建飞等(2001)基于虚拟桩模型对层状地基中的单桩进行了理论分析。Pak(1989)基于 Muki 等(1970)提出的虚拟桩模型建立了求解均质地基中水平荷载作用下单桩的 Fredholm 积分方程，Chen 等(2008)基于 Pak(1989)的单桩分析，建立了求解两等长桩位移相互作用系数的虚拟桩模型，梁发云等(2012)进一步建立了群桩的相互作用系数解法。

但以上基于虚拟桩的解法中的第二类 Fredholm 积分方程中的间断点都未能给出显式解，因而计算精度不易控制。为此，本书通过广义胡克定律推导出了虚拟桩方法求解水平荷载作用下两根桩相互作用系数的第二类 Fredholm 积分方程中间断点的解析解。这种求解方法通过叠加原理，可以方便地应用到水平荷载作用下大规模桩基础的水平位移计算中。

El Sharnouby 等(1985)采用结构刚度与土刚度相结合的刚度法计算桩—土相互作用，与 Poulos(1971b)的弹性理论法类似，Randolph(1981)采用近似表达式法与 Poulos 等(1980)的弹性理论解答较接近。Leung 等(1987)采用荷载—位移曲线法计算桩—土相互作用，Chow(1987)采用有限单元法计算刚度法中的影响系数。

3.2　桩间相互作用系数的求解

3.2.1　Fredholm 积分方程的建立

图 3.1 所示为半空间土体中两根直径 d、弹性模量 E_p 和长度 L 分别相等的桩 B_1' 和 B_2'，桩体的横截面积都为 A。水平向荷载作用下两根桩之间的桩心距为 s，连接桩中心线与荷载作用方向线的夹角为 β，称为偏离角。设两根桩桩顶分别作用大小相等的单位水平力 $V(0)$ 或弯矩 $M(0)$，将真实桩分解为虚拟土 B 和虚拟桩 B_{*1}、B_{*2}。由于两根桩的受力性能相同，为了便于分析，以第 1 根桩为例，该虚拟桩的弹性模量为

$$E_* = E_p - E_s \tag{3.1}$$

式中，E_* 为虚拟桩的弹性模量，E_s 为土的弹性模量。

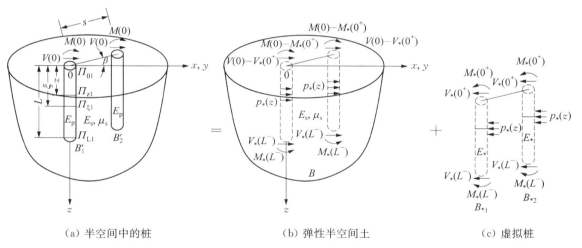

（a）半空间中的桩　　　　（b）弹性半空间土　　　　（c）虚拟桩

图 3.1　两根水平受荷桩的计算模型

根据梁的伯努利—欧拉的挠度理论，图 3.1 中所示虚拟桩 B_* 的挠度曲线微分方程为

$$E_* I \frac{d^2 u_*(z)}{dz^2} = M_*(z) \tag{3.2}$$

虚拟桩的平衡方程为

$$\frac{dM_*(z)}{dz} = V_*(z) \tag{3.3}$$

$$\frac{dV_*(z)}{dz} = -p_*(z) \tag{3.4}$$

根据 Reissner(1940)、Muki 等(1968)假设桩两端通过集中力的方式直接传递给桩周围的土，不考虑桩身与土之间的摩擦力。图 3.1c 表示作用在虚拟桩 B_* 上的外力：①$-p_*(z)$ 表示

半空间扩展土作用在虚拟桩单位长度上的力;②$V_*(0^+)$、$-M_*(0^+)$分别表示直接作用在虚拟桩桩顶上的剪力和弯矩;③$-V_*(L^-)$、$M_*(L^-)$分别表示作用在桩底上的剪力和弯矩。根据力的作用与反作用原理,作用在半空间扩展土 B 上的力包括:①$p_*(z)$表示虚拟桩作用在半空间扩展土单位长度上的力;②$V(0)-V_*(0^+)$、$-[M(0)-M_*(0^+)]$分别表示真实桩在截面 Π_0 上直接作用在半空间扩展土上的剪力和弯矩;③$V_*(L^-)$、$-M_*(L^-)$分别表示虚拟桩在截面 Π_L 上作用在半空间土上的剪力和弯矩。Pak(1989)进一步假定桩身横截面发生小的旋转,则由真实桩的底端直接传递给虚拟桩的弯矩以及真实桩在截面 Π_0 上直接作用在半空间扩展土上的弯矩可以忽略不计,即

$$M_*(L)=0 \tag{3.5}$$

$$M(0)-M_*(0^+)=0 \tag{3.6}$$

半空间扩展土中桩中心轴线上的点 $X=(0,0,z)$ 在 x 方向上的位移为

$$u_s(z)=\sum_{j=1}^{2}\{[V(0)-V_*(0^+)]\widehat{u}_{1,j}(z,0,s,\beta)+V_*(L)\widehat{u}_{1,j}(z,L,s,\beta) \\ +\int_0^L p_*(\xi)\widehat{u}_{1,j}(z,\xi,s,\beta)\mathrm{d}\xi\} \tag{3.7}$$

式中,$\widehat{u}_{1,j}(z,\xi,s,\beta)$ 表示对于每一点 $z\in[0,L]$ 和 $\xi\in[0,L]$,第 j 根桩所在位置弹性半空间土任意截面 $\Pi_{\xi j}$ 处作用合力为单位力的均布荷载时在第 1 根桩所在位置的弹性半空间土任意截面 Π_{z1} 圆心处所产生的水平向位移,其值可由 Mindlin 基本解进行积分得到。

虚拟桩的位移与半空间扩展土的位移协调,所以在虚拟桩中心轴线上虚拟桩的位移与半空间扩展土的位移相等,即

$$u_*(z)=u_s(z) \quad (0\leqslant z\leqslant L) \tag{3.8}$$

由式(3.7)和位移协调条件式(3.8),虚拟桩的位移可以表示为

$$u_*(z)=\sum_{j=1}^{2}\{[V(0)-V_*(0^+)]\widehat{u}_{1,j}(z,0,s,\beta)+V_*(L)\widehat{u}_{1,j}(z,L,s,\beta) \\ +\int_0^L p_*(\xi)\widehat{u}_{1,j}(z,\xi,s,\beta)\mathrm{d}\xi\} \tag{3.9}$$

利用式(3.4),式(3.9)可以写为

$$u_*(z)=\sum_{j=1}^{2}\Big\{[V(0)-V_*(0^+)]\widehat{u}_{1,j}(z,0,s,\beta)+V_*(L)\widehat{u}_{1,j}(z,L,s,\beta) \\ -\int_0^L \frac{\mathrm{d}V_{*i}(z)}{\mathrm{d}z}\widehat{u}_{1,j}(z,\xi,s,\beta)\mathrm{d}\xi\Big\} \tag{3.10}$$

对式(3.10)中右边最后一项进行分部积分,并由式(3.3)可以得到

$$\sum_{j=1}^{2} \int_0^L \frac{\mathrm{d}V_*(z)}{\mathrm{d}z} \hat{u}_{1,j}(z,\xi,s,\beta)\mathrm{d}\xi$$

$$= \sum_{j=1}^{2} \left\{ V_*(\xi)\hat{u}_{1,j}(z,\xi,s,\beta) \Big|_0^L - \int_0^L V_*(\xi) \frac{\partial \hat{u}_{1,j}(z,\xi,s,\beta)}{\partial \xi}\mathrm{d}\xi \right.$$

$$= \sum_{j=1}^{2} \left\{ V_*(\xi)\hat{u}_{1,j}(z,\xi,s,\beta) \Big|_0^L - \int_0^L \frac{\mathrm{d}M_*(\xi)}{\mathrm{d}\xi} \frac{\partial \hat{u}_{1,j}(z,\xi,s,\beta)}{\partial \xi}\mathrm{d}\xi \right\} \tag{3.11}$$

$$= \sum_{j=1}^{2} \left\{ V_*(\xi)\hat{u}_{1,j}(z,\xi,s,\beta) \Big|_0^L - M_*(\xi) \frac{\partial \hat{u}_{1,j}(z,\xi,s,\beta)}{\partial \xi} \Big|_0^L + \right.$$

$$\left. \int_0^L M_*(\xi) \frac{\partial^2 \hat{u}_{1,j}(z,\xi,s,\beta)}{\partial \xi^2}\mathrm{d}\xi \right\}$$

利用式(3.5)和式(3.6),并考虑 $\dfrac{\partial \hat{u}_{1,1}(z,\xi,0,0)}{\partial \xi}$ 的间断性,式(3.11)可以写为

$$\sum_{j=1}^{2} \int_0^L \frac{\mathrm{d}V_{*i}(z)}{\mathrm{d}z} \hat{u}_{1,j}(z,\xi,s,\beta)\mathrm{d}\xi$$

$$= \sum_{j=1}^{2} \left\{ V_*(\xi)\hat{u}_{1,j}(z,\xi,s,\beta) \Big|_0^L + M(0) \frac{\partial \hat{u}_{1,j}(z,\xi,s,\beta)}{\partial \xi} \right. \tag{3.12}$$

$$\left. + M_*(z) \frac{\partial \hat{u}_{1,1}(z,\xi,0,0)}{\partial \xi} \Big|_{z^-}^{z^+} + \int_0^L M_{*i}(\xi) \frac{\partial^2 \hat{u}_{1,j}(z,\xi,s,\beta)}{\partial \xi^2}\mathrm{d}\xi \right\}$$

将式(3.12)代入式(3.10)并化简,则得到

$$u_*(z) = \sum_{j=1}^{2} \left\{ V(0)\hat{u}_{1,j}(z,0,s,\beta) - M(0) \frac{\partial \hat{u}_{1,j}(z,0,s,\beta)}{\partial \xi} - \int_0^L M_*(\xi) \frac{\partial^2 \hat{u}_{1,j}(z,\xi,s,\beta)}{\partial \xi^2}\mathrm{d}\xi \right\}$$

$$- M_*(z) \frac{\partial \hat{u}_{1,1}(z,\xi,0,0)}{\partial \xi} \Big|_{z^-}^{z^+}$$

$$\tag{3.13}$$

式中,$\dfrac{\partial \hat{u}_{1,1}(z,z^+,0,0)}{\partial \xi}$、$\dfrac{\partial \hat{u}_{1,1}(z,z^-,0,0)}{\partial \xi}$ 分别表示荷载作用在第 1 根桩平面 Π_ξ 分别从上侧和下侧无限趋近第 1 根桩 Π_z 截面时所引起的 Π_z 截面处圆心的水平向应变。

假设第 1 根虚拟桩 $u_*(z)$ 为

$$u_*(z) = -\int_0^L g(z,\xi)M_*(\xi)\mathrm{d}\xi + u_*(0)\left(1-\frac{z}{L}\right) + u_*(L)\left(\frac{z}{L}\right) \tag{3.14}$$

式中,

$$g(z,\xi) = \frac{1}{E_*I} \begin{cases} \left(1-\dfrac{\xi}{L}\right)z & (z<\xi) \\[2mm] \left(1-\dfrac{z}{L}\right)\xi & (z>\xi) \end{cases} \tag{3.15}$$

为了进行无量纲分析，假设以下参数

$$\bar{z} = \frac{z}{a}; \ \bar{\xi} = \frac{\xi}{a}; \ \bar{s} = \frac{s}{a}; \ \bar{\beta} = \beta; \ \bar{L} = \frac{L}{a}; \ \bar{E} = \frac{E_p}{E_s}; \ \kappa = \frac{8}{(1+v_s)(\bar{E}-1)}; \ \bar{M}(0) = \frac{M(0)}{4\pi G_s a_i^3};$$

$$\bar{M}(\bar{z}) = \frac{M_*(z)}{4\pi G_s a^3}; \ \bar{u} = \frac{u_*}{a}; \ \bar{V}(0) = \frac{V(0)}{4\pi G_s a^2}; \ \bar{V}(\bar{z}) = \frac{V_*(z)}{4\pi G_s a^2}$$

式中，G_s 和 v_s 分别是土的剪切模量和泊松比。由式(3.13)、式(2.20)和式(3.14)可得到用无量纲参数表示的控制方程为

$$B(\bar{z})\bar{u}_*(0) + C(\bar{z})\bar{u}_*(\bar{L}) + \int_0^L K(\bar{z}, \bar{\xi}, \bar{s}, \beta)\bar{M}(\bar{\xi})\mathrm{d}\bar{\xi} - 2M_*(\bar{z})$$

$$= \sum_{j=1}^{2} \left[\bar{V}(0)\bar{U}_{1,j}(\bar{z}, \bar{\xi}, \bar{s}, \beta) - \bar{M}(0)\frac{\partial \bar{U}_{1,j}(\bar{z}, \bar{\xi}, \bar{s}, \beta)}{\partial \bar{\xi}} \right]\Bigg|_{\bar{\xi}=0} \quad (0 \leqslant \bar{z} \leqslant \bar{L})$$

$$(3.16)$$

式中，

$$B(\bar{z}) = \left(1 - \frac{\bar{z}}{\bar{L}}\right), \ C(\bar{z}) = \frac{\bar{z}}{\bar{L}}, \ \bar{U}_{1,j}(\bar{z}, \bar{\xi}, \bar{s}, \beta) = 4\pi G_s a \hat{u}_{1,j}(z, \xi, s, \beta),$$

$$G(\bar{z}, \bar{\xi}) = \begin{cases} \left(1 - \dfrac{\bar{\xi}}{\bar{L}}\right)\bar{z} & (\bar{z} < \bar{\xi}) \\ \left(1 - \dfrac{\bar{z}}{\bar{L}}\right)\bar{\xi} & (\bar{z} > \bar{\xi}) \end{cases},$$

$$K(\bar{z}, \bar{\xi}, \bar{s}, \beta) = \sum_{j=1}^{2} \frac{\partial^2 \bar{U}_{1,j}(\bar{z}, \bar{\xi}, \bar{s}, \beta)}{\partial \bar{\xi}^2} - \kappa G(\bar{z}, \bar{\xi})$$

式(3.16)就是求解第 i 根桩顶在不同水平向荷载作用下混合桩型桩基问题所需要的第二类 Fredholm 积分方程，与式(3.5)和式(3.6)联立可以直接求解，其中待求的未知量为虚拟桩的桩身弯矩、桩顶水平位移和桩底的水平位移。

3.2.2 桩身位移和转角的解答

用无量纲参数表示第 i 根虚拟桩的位移为

$$\bar{u}^{pp}(\bar{z}) = -\int_0^{\bar{L}} \kappa G(\bar{z}, \bar{\xi})\bar{M}(\bar{\xi})\mathrm{d}\bar{\xi} + \bar{u}^{pp}(0)\left(1 - \frac{\bar{z}}{\bar{L}_i}\right) + \bar{u}^{pp}(\bar{L})\left(\frac{\bar{z}}{\bar{L}}\right) \quad (3.17)$$

第 i 根虚拟桩的转角 $\theta^{pp}(\bar{z})$ 可以表示为

$$\theta^{pp}(\bar{z}) = \frac{\mathrm{d}\bar{u}_*^{pp}(\bar{z})}{\mathrm{d}\bar{z}} \quad (3.18)$$

式(3.17)代入式(3.18)可以得到虚拟桩的转角表达式，即

$$\theta^{pp}(\bar{z}) = -\int_0^{\bar{L}} \kappa H(\bar{z},\bar{\xi})\bar{M}(\bar{\xi})\mathrm{d}\bar{\xi} + \frac{1}{\bar{L}}\big[\bar{u}^{pp}(\bar{L}) - \bar{u}^{pp}(0)\big] \qquad (3.19)$$

式中,

$$H(\bar{z},\bar{\xi}) = \begin{cases} 1 - \dfrac{\bar{\xi}}{\bar{L}} & (\bar{z} < \bar{\xi}) \\[3mm] -\dfrac{\bar{\xi}}{\bar{L}} & (\bar{z} > \bar{\xi}) \end{cases} \qquad (3.20)$$

分别令式(3.11)和式(3.19)中的 $z=0$,则可得到各种水平荷载作用下两根桩的桩顶位移和桩顶转角

$$\bar{u}^{pp}(0) = -\int_0^{\bar{L}} \kappa G(0,\bar{\xi})\bar{M}(\bar{\xi})\mathrm{d}\bar{\xi} + \bar{u}^{pp}(0)\left(1 - \frac{\bar{z}}{L_i}\right) + \bar{u}^{pp}(\bar{L})\left(\frac{\bar{z}}{\bar{L}}\right) \qquad (3.21)$$

$$\theta^{pp}(0) = -\int_0^{\bar{L}} \kappa H(0,\bar{\xi})\bar{M}(\bar{\xi})\mathrm{d}\bar{\xi} + \frac{1}{L_i}\big[\bar{u}_*^{pp}(\bar{L}_i) - \bar{u}_*^{pp}(0)\big] \qquad (3.22)$$

与单桩桩顶自由的分析方法相同,根据 Poulos 等(1980)的分析方法,桩顶固定时两根桩桩顶转角等于零的条件,即

$$\theta^{pp}(0) = 0 \qquad (3.23)$$

由式(3.22)有

$$-\int_0^{\bar{L}} \kappa H(0,\bar{\xi})\bar{M}(\bar{\xi})\mathrm{d}\bar{\xi} + \frac{1}{L_i}\big[\bar{u}_*^{pp}(\bar{L}) - \bar{u}_*^{pp}(0)\big] = 0 \qquad (3.24)$$

式(3.24)与式(3.16)联立求解可以得到桩顶固定时两根桩的桩顶位移和弯矩。

3.2.3　位移影响函数的求解

在上一章的分析中,通过对半无限空间体深度 c 处作用一水平集中力 P 时,对深度 z 处力作用方向的水平位移 Mindlin 解进行积分,求解出位移影响函数 $\hat{u}(z,\xi)$。本节位移影响函数 $\hat{u}_{1,j}(z,\xi,s,\beta)$,当 $j=1$ 时有

$$\hat{u}_{1,1}(z,\xi,0,0) = \hat{u}(z,\xi)$$

即

$$\bar{U}_{1,1}(\bar{z},\bar{\xi},0,0) = \frac{1}{8(1-\mu_s)} \left\{ \begin{array}{l} (7-8\mu_s)\tan^{-1}\left(\dfrac{1}{d_1}\right) + (9-16\mu_s+8\mu_s^2)\tan^{-1}\left(\dfrac{1}{d_2}\right) \\[3mm] -\dfrac{d_1}{1+d_1^2} - (3-4\mu_s)\dfrac{d_2}{1+d_2^2} + \dfrac{4\bar{z}\bar{\xi}d_2}{(1+d_2^2)^2} \end{array} \right.$$

式中,$d_1 = |\bar{z} - \bar{\xi}|$,$d_2 = \bar{z} + \bar{\xi}$。

当 $j=2$ 时，Poulos 等（1974）假定桩 j 每个单元上的均匀压力用作用在单元中心点的等效点荷载来取代，位移影响函数 $\hat{u}_{i,j}(z,\xi,s,\beta)$ 表示为

$$\hat{u}_{1,2}(z,\xi,s,\beta) = \frac{1}{16\pi G_s(1-\mu_s)}\left[\frac{3-4\mu_s}{R_1} + \frac{1}{R_2} + \frac{s^2\cos^2\beta}{R_1^3} + \frac{(3-4\mu_s)s^2\cos^2\beta}{R_2^3} + \frac{2\xi z}{R_2^3}\left(1-\frac{3s^2\cos^2\beta}{R_2^2}\right)\right.$$
$$\left. + \frac{4(1-\mu_s)(1-2\mu_s)}{(R_2+z+\xi)}\left(1-\frac{s^2\cos^2\beta}{R_2(R_2+z+\xi)}\right)\right]$$

$$(3.25)$$

式中，$R_1=\left[s^2+(z-\xi)^2\right]^{\frac{1}{2}}$，$R_2=\left[s^2+(z+\xi)^2\right]^{\frac{1}{2}}$。

由 $\bar{U}_{1,2}(\bar{z},\bar{\xi},\bar{s},\beta)=4\pi G_s a\hat{u}_{1,2}(z,\xi,s,\beta)$，位移影响函数用无量纲参数表示为

$$\bar{U}_{1,2}(\bar{z},\bar{\xi},\bar{s},\bar{\beta}) = \frac{1}{4(1-\mu_s)}\left[\frac{3-4\mu_s}{\bar{R}_1} + \frac{1}{\bar{R}_2} + \frac{\bar{s}^2\cos^2\beta}{\bar{R}_1^3} + \frac{(3-4\mu_s)\bar{s}^2\cos^2\beta}{\bar{R}_2^3} + \frac{2\bar{\xi}\bar{z}}{\bar{R}_2^3}\left(1-\frac{3\bar{s}^2\cos^2\beta}{\bar{R}_2^2}\right)\right.$$
$$\left. + \frac{4(1-\mu_s)(1-2\mu_s)}{(\bar{R}_2+\bar{z}+\bar{\xi})}\left(1-\frac{\bar{s}^2\cos^2\beta}{\bar{R}_2(\bar{R}_2+\bar{z}+\bar{\xi})}\right)\right]$$

$$(3.26)$$

式中，$\bar{R}_1=\left[\bar{s}^2+(\bar{z}-\bar{\xi})^2\right]^{\frac{1}{2}}$，$\bar{R}_2=\left[\bar{s}^2+(\bar{z}+\bar{\xi})^2\right]^{\frac{1}{2}}$。

3.3 位移和转角相互作用系数

Poulos（1968），提出了均质半无限空间中各种水平荷载作用下桩顶自由的两根桩间相互作用系数概念，并给出了相互作用系数相对各种桩长细比 L/d、桩土弹性模量比 E_p/E_s 和桩间距 s/d 的关系曲线。用位移相互作用系数 α_ρ 表示桩顶处的附加位移与桩本身荷载引起的桩顶位移比值，用转角相互作用系数 α_θ 表示桩顶处的附加转角与桩本身荷载引起的桩顶转角比值，位移相互作用系数和转角相互作用系数可以表示为

$$\alpha_\rho^{pp} = \frac{u^{pp}(0)-u^p(0)}{u^p(0)}$$

$$(3.27)$$

$$\alpha_\theta^{pp} = \frac{\theta^{pp}(0)-\theta^p(0)}{\theta^p(0)}$$

$$(3.28)$$

其中，$u^p(0)$ 和 $\theta^p(0)$ 分别表示半空间体中单桩在桩顶受到各种水平荷载作用下的水平位移和转角。在两种水平荷载和桩顶自由条件下，用 $\alpha_{\rho H}^{pp}$ 和 $\alpha_{\theta H}^{pp}$ 表示桩顶仅受水平力的桩顶自由桩的位移相互作用系数和转角相互作用系数；用 $\alpha_{\rho M}^{pp}$ 和 $\alpha_{\theta M}^{pp}$ 表示桩顶仅受弯矩的桩顶自由桩的位移相互作用系数和转角相互作用系数。在桩顶固定条件下，用 $\alpha_{\rho F}^{pp}$ 表示桩顶仅受水平力的桩顶固定桩的位移相互作用系数。

3.4　算例验证

3.4.1　桩顶自由

1. 分段数对精度的影响

为了确定桩身分段数对两根桩之间相互作用系数计算精度的影响,图 3.2 给出了仅受水平力的桩顶自由桩的位移相互作用系数与桩体分段数之间的关系,桩体分段数表示为:$n = \delta L/d$,其中,δ 表示单位桩长 L/d 的分段数。计算中桩心距 $s/d = 4$,在不同的桩土模量比 $E_p/E_s = 10$、$1\,000$、桩长细比 $L/d = 20$、60、80、100、土的泊松比 $\mu_s = 0.15$、0.3、0.49 情况下,考察了单位桩长分段数 δ 对仅受水平力的桩顶自由桩的位移相互作用系数计算精度的影响。

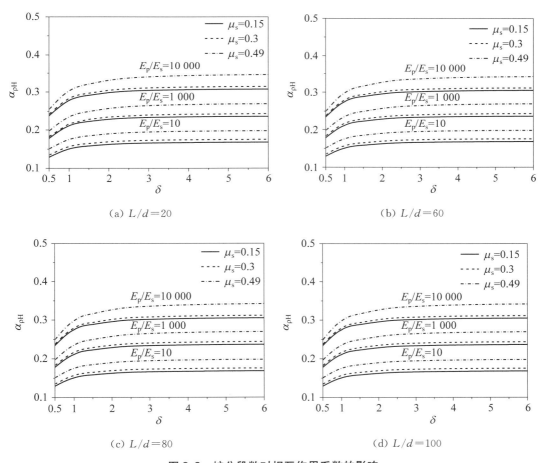

图 3.2　桩分段数对相互作用系数的影响

比较图 3.2a～d 可以得出如下一些结论:

(1) 桩长细比 L/d 对数值计算精度的影响不明显,图中所示四种情况下数值计算结果呈现出相同的规律,这个结论与曹明(2007)的竖向荷载作用下的分析结果一致。

(2)地基土泊松比对数值计算精度在$\delta > 2$时影响并不明显,这个结论与曹明(2007)的竖向荷载作用下的分析结果一致。

但在$\delta < 2$时,与曹明(2007)的竖向荷载作用下的分析结果不一致。在竖向荷载作用下,地基土泊松比对数值计算精度有明显影响。随着泊松比μ_s的增大,数值计算精度收敛速度减小。这是因为在 Fredholm 积分方程中考虑到应变的间断性,在积分方程中有$\dfrac{(1-2\mu_s)(1+\mu_s)}{E_s(1-\mu_s)}$项,当$\mu_s$接近于0.5时,这项趋近于零,从而增大数值计算中的误差,通过增加桩的分段数,可以减小这个误差,使数值解答趋于稳定。而水平荷载作用下的位移相互作用系数求解方程中,没有此项,因此,泊松比的变化对计算精度影响不大。

(3)桩土弹性模量比E_p/E_s在$\delta > 2$时对计算精度影响并不明显,在$\delta < 2$时有比较明显的影响,随着桩土弹性模量比E_p/E_s的增大,数值计算精度收敛速度显著减小。这是由于随着桩土弹性模量比E_p/E_s的增大,Fredholm 积分方程中有一项κ趋近于零,与曹明(2015)的分析结果一致。

(4)综合以上分析以及陆建飞(2000)、梁发云(2004)和曹明(2015)的分析结果,当桩的分段数$\delta \geqslant 3$时,数值结果已经稳定。虽然说桩体分段数越多,计算精度越高,但随着计算精度的提高,计算耗时也在增加。

2. 与 Leung 等(1987)、Randolph(1981)和 Poulos(1971b)解答的对比

为了说明本书计算结果与其他学者解答的区别,图 3.3 给出了与 Poulos(1971b)、Randolph(1981)和 Leung 等(1987)解答的对比结果。土的泊松比$\mu_s = 0.5$,刚度系数$K_R = E_p I_p / E_s L^4 = 10^{-5}$,桩长细比$L/d = 25$。本书计算结果与 Leung 等(1987)的计算结果相差不大,而 Poulos(1971)与 Randolph(1981)的计算结果基本相同,这是因为本书在计算中,考虑了桩土分离以后桩所在位置孔洞的存在,在理论上更加严密,误差更小。Leung 等(1987)采用荷载—位移曲线法计算桩—土相互作用。

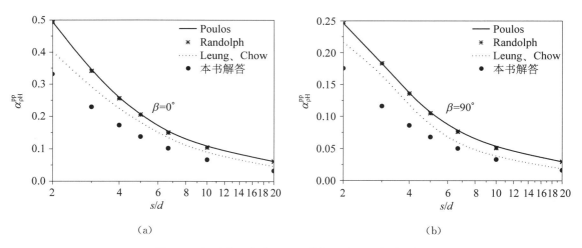

(a)   (b)

图3.3 仅受水平力作用下两桩相互作用系数的比较

3. 与 Poulos(1971b)和曹明(2015)解答的对比

图 3.4 给出了与 Poulos(1971b)和曹明(2015)解答的对比结果。Poulos(1971b)给出了在均质半无限空间体中,相对于各种桩长细比 L/d,桩身刚度系数 $K_R = E_p I_p / E_s L^4$ 和桩间距 s/d 的两根摩擦桩之间的相互作用系数。 在 Poulos(1971b)和本书解答中土的泊松比 $\mu_s = 0.5$,在曹明(2015)有限单元法的解答中土的泊松比 $\mu_s = 0.49$。 可以看出,包括本书在内的三种求解方法对两根摩擦桩相互作用系数的计算结果都有区别。这是由于在计算桩—土相互作用时采用的计算模型不同。Poulos(1971b)的计算结果相对于本书的计算结果要偏大,而与曹明(2015)有限元解答相差不大,这是因为本书在计算中,考虑了桩土分离以后桩所在位置孔洞的存在,在理论上更加严密,误差更小。

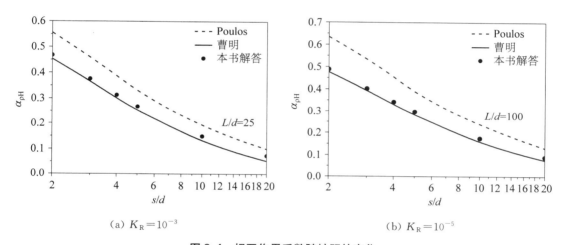

图 3.4 相互作用系数随桩距的变化

4. 与 Poulos(1971b)解答的进一步对比

为了进一步说明本书计算结果与 Poulos(1971b)解答的区别,取土的泊松比为 $\mu_s = 0.5$,不同的桩长细比 $L/d = 25$、100,不同的荷载作用方向线偏离角 $\beta = 0°$、90°,不同的桩身刚度系数 $K_R = E_p I_p / E_s L^4 = 10^{-5}$、$10^{-1}$ 情况下两根摩擦桩之间仅受弯矩作用下的位移相互作用系数进行比较。

从图 3.5 和图 3.6 可以看出,当桩身刚度系数较大时($K_R = 10^{-1}$),两种计算方法的计算结果相差较小,而当桩身刚度系数较小时($K_R = 10^{-5}$),本书计算结果比 Poulos(1971b)的解答都小,这是由于本书在计算两根桩之间的相互作用系数时,考虑了桩在土中的"加筋效应"。基于 Mindlin 解计算桩间相互作用时,仅仅对各桩变形简单叠加而未考虑桩的存在对地基上变形所带来的影响从而过高地估计了桩的相互作用,而相邻桩的存在有减少相应桩身周围土体水平位移的作用。这种作用,就叫"加筋效应"。本书通过虚拟桩来考虑桩间这种相互作用,因此本书的解答更为合理。

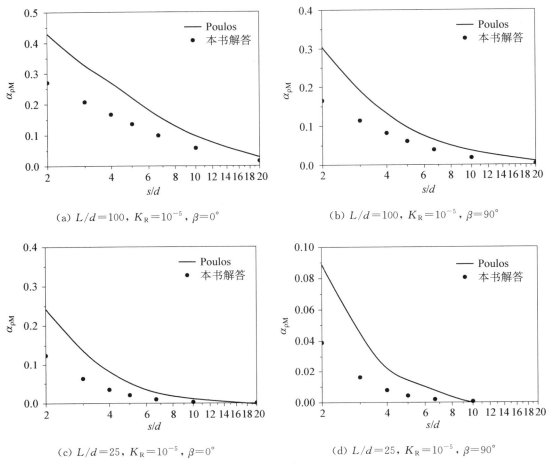

(a) $L/d=100$，$K_R=10^{-5}$，$\beta=0°$

(b) $L/d=100$，$K_R=10^{-5}$，$\beta=90°$

(c) $L/d=25$，$K_R=10^{-5}$，$\beta=0°$

(d) $L/d=25$，$K_R=10^{-5}$，$\beta=90°$

图 3.5　仅受弯矩作用下相互作用系数随桩距的变化

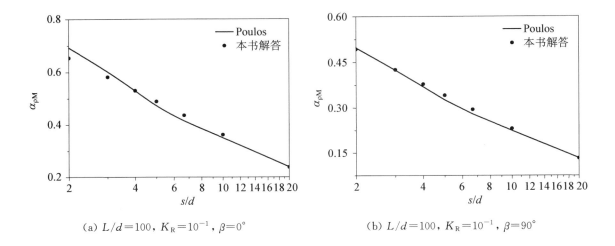

(a) $L/d=100$，$K_R=10^{-1}$，$\beta=0°$

(b) $L/d=100$，$K_R=10^{-1}$，$\beta=90°$

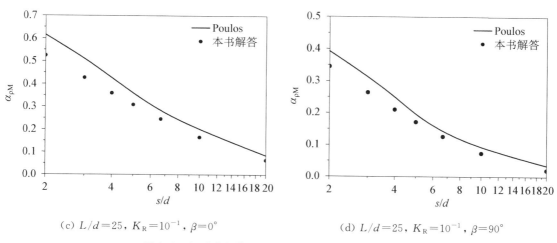

(c) $L/d=25$，$K_R=10^{-1}$，$\beta=0°$ 　　　　(d) $L/d=25$，$K_R=10^{-1}$，$\beta=90°$

图 3.6　仅受弯矩作用下相互作用系数随桩距的变化

5. 与 El Sharnouby 等(1985)和 Poulos(1971b)解答的对比

图 3.7 给出了与 El Sharnouby 等(1985)和 Poulos(1971b)解答的对比结果。土的泊松

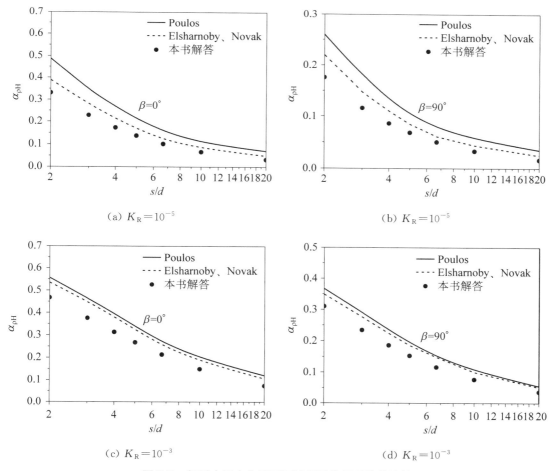

(a) $K_R=10^{-5}$ 　　　　(b) $K_R=10^{-5}$

(c) $K_R=10^{-3}$ 　　　　(d) $K_R=10^{-3}$

图 3.7　仅受水平力作用下两桩相互作用系数的比较

比 $\mu_s = 0.5$，不同的刚度系数 $K_R = E_p I_p / E_s L^4 = 10^{-5}$ 和 10^{-3}，桩长细比 $L/d = 25$。El Sharnouby 等(1985)采用结构刚度与土刚度相结合的刚度法计算桩—土相互作用，对于柔性桩，Poulos(1971b)的计算结果比 El Sharnouby 等(1985)的计算结果大 20%，但当 El Sharnouby 等(1985)采用与 Poulos(1971b)相同的计算单元数时，两种计算方法的结果接近[El Sharnouby 等(1985)]。

本书计算结果比其他两种计算方法的计算结果略小，这是由于本书计算方法考虑了桩在土中的"加筋效应"。

6. 与 Chow(1987)、Randolph(1981)和 Poulos(1971b)解答的对比

图 3.8 给出了与 Chow(1987)、Randolph(1981)和 Poulos(1971b)解答的对比结果。不同的桩土弹性模量比 $E_p/E_s = 80$、8 000，不同的荷载作用方向线偏离角 $\beta = 0°$ 和 $90°$，桩长细比 $L/d = 25$。在 Randolph(1981)、Poulos(1971b)和本书的解答中土的泊松比为 $\mu_s = 0.5$，在 Chow(1987)的解答中土的泊松比为 $\mu_s = 0.499$。对于刚性桩，即桩土弹性模量比 $E_p/E_s = 8\ 000$ 时，Randolph(1981)采用近似表达式法与 Poulos 等(1980)的弹性理论解答较接近，Chow(1987)采用有限单元法计算刚度法中的影响系数，比 Randolph(1981)和 Poulos(1971b)的计算结果都小，而本书计算方法与 Chow(1987)的有限元计算结果较为接近。

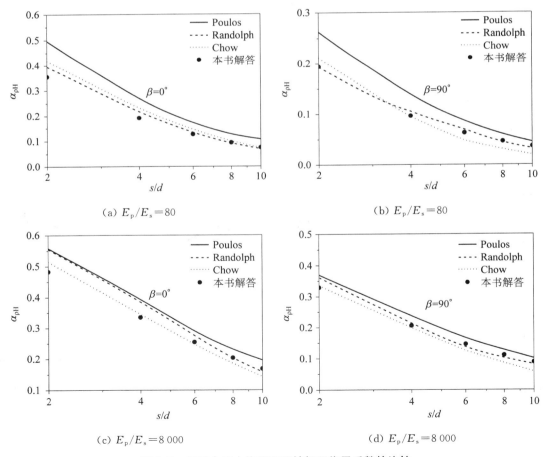

(a) $E_p/E_s = 80$

(b) $E_p/E_s = 80$

(c) $E_p/E_s = 8\ 000$

(d) $E_p/E_s = 8\ 000$

图 3.8　仅受水平力作用下两桩相互作用系数的比较

3.4.2　桩顶固定

1. 与 Poulos(1971b)解答的对比

为了说明本书计算结果与 Poulos(1971b)解答的区别,取土的泊松比 $\mu_s = 0.5$,不同的桩长细比 $L/d = 10$、25,不同的水平荷载作用方向线偏离角 $\beta = 0°$、$90°$,不同的桩身刚度系数 $K_R = E_p I_p / E_s L^4 = 0.001$、$0.1$、$10$ 情况下两根桩顶固定桩的位移相互作用系数进行比较。

从图 3.9～图 3.11 可以看出,对于两种水平荷载作用方向线偏离角,当桩身刚度系数较大时($K_R = 10$),两种计算方的计算结果相差较小,而当桩身刚度系数较小时($K_R = 0.001$),本书计算结果都比 Poulos(1971b)的解答小。所得出的比较结论与桩顶自由时的相同,这是由于本书在计算两根桩之间的相互作用系数时,考虑了桩在土中的"加筋效应"。

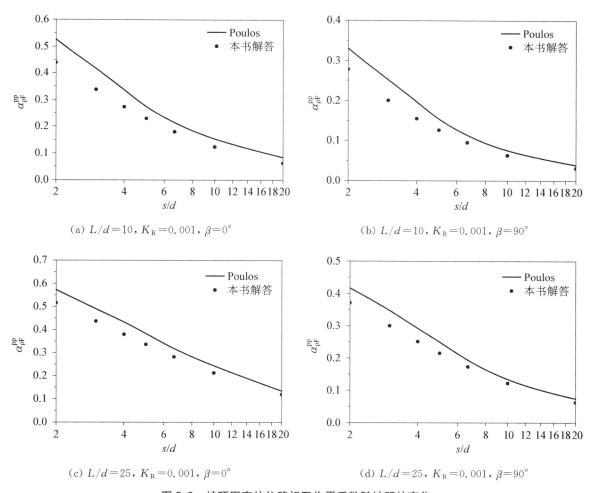

(a) $L/d = 10$, $K_R = 0.001$, $\beta = 0°$　　　　(b) $L/d = 10$, $K_R = 0.001$, $\beta = 90°$

(c) $L/d = 25$, $K_R = 0.001$, $\beta = 0°$　　　　(d) $L/d = 25$, $K_R = 0.001$, $\beta = 90°$

图 3.9　桩顶固定的位移相互作用系数随桩距的变化

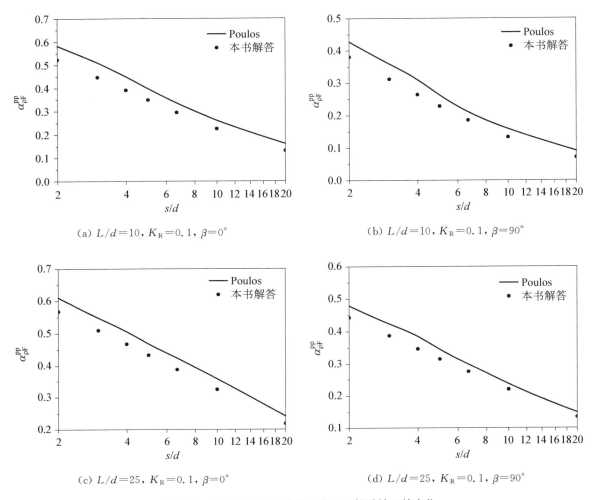

(a) $L/d=10$, $K_R=0.1$, $\beta=0°$

(b) $L/d=10$, $K_R=0.1$, $\beta=90°$

(c) $L/d=25$, $K_R=0.1$, $\beta=0°$

(d) $L/d=25$, $K_R=0.1$, $\beta=90°$

图 3.10 桩顶固定的位移相互作用系数随桩距的变化

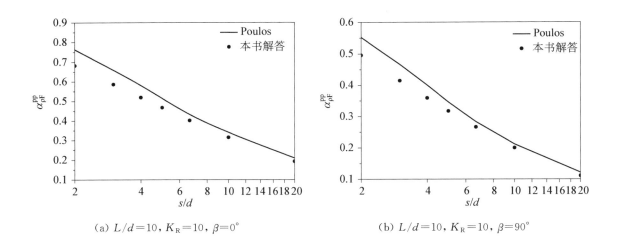

(a) $L/d=10$, $K_R=10$, $\beta=0°$

(b) $L/d=10$, $K_R=10$, $\beta=90°$

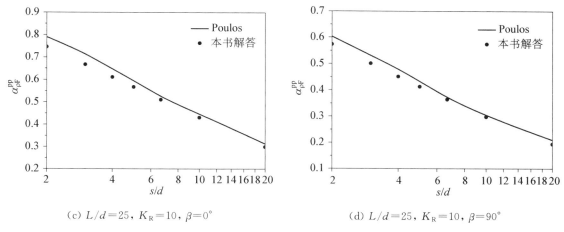

(c) $L/d=25$, $K_R=10$, $\beta=0°$　　　(d) $L/d=25$, $K_R=10$, $\beta=90°$

图 3.11　桩顶固定的位移相互作用系数随桩距的变化

2. 与 Leung 等(1987)、Randolph(1981)和 Poulos(1971b)解答的对比

为了说明本书计算结果与其他学者解答的区别,图 3.12 给出了与 Poulos(1971b)、Randolph(1981)和 Leung 等(1987)解答的对比结果。土的泊松比 $\mu_s=0.5$,刚度系数 $K_R=E_pI_p/E_sL^4=10^{-5}$,桩长细比 $L/d=25$。除了当荷载作用方向线偏离角 $\beta=90°$ 和桩心距 $s/d=2$ 以外,对于其他的不同桩心距,Leung 等(1987)、Randolph(1981)的计算结果相差不大,本书计算结果比两者的计算结果相略小,而 Poulos(1971)的计算结果偏大。

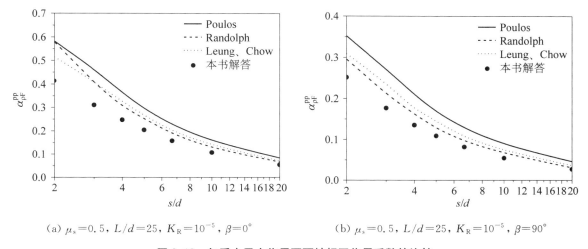

(a) $\mu_s=0.5$, $L/d=25$, $K_R=10^{-5}$, $\beta=0°$　　　(b) $\mu_s=0.5$, $L/d=25$, $K_R=10^{-5}$, $\beta=90°$

图 3.12　仅受水平力作用下两桩相互作用系数的比较

3. 与 El Sharnouby 等(1985)和 Poulos(1971b)解答的对比

图 3.13 给出了与 El Sharnouby 等(1985)和 Poulos(1971b)解答的对比结果。土的泊松比 $\mu_s=0.5$,不同的刚度系数 $K_R=E_pI_p/E_sL^4=10^{-5}$、$10^{-3}$,桩长细比 $L/d=25$。与桩顶自由桩比较结果类似,对于柔性桩,Poulos(1971b)的计算结果比 El Sharnouby 等(1985)的

计算结果大 20%，但当 El Sharnouby 等(1985)采用与 Poulos(1971b)相同的计算单元数时，两种计算方法的结果接近[El Sharnouby 等(1985)]。

本书计算结果比其他两种计算方法的计算结果相比略小，这是由于本书计算方法考虑了桩在土中的"加筋效应"。

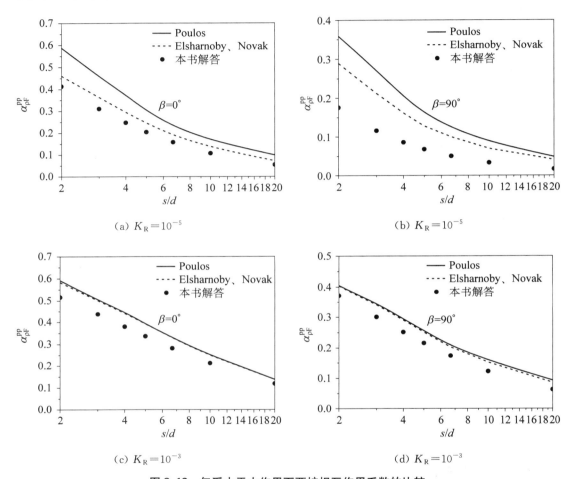

(a) $K_R = 10^{-5}$ (b) $K_R = 10^{-5}$

(c) $K_R = 10^{-3}$ (d) $K_R = 10^{-3}$

图 3.13　仅受水平力作用下两桩相互作用系数的比较

4. 与 Chow(1987)、Randolph(1981)和 Poulos(1971b)解答的对比

图 3.14 给出了与 Chow(1987)、Randolph(1981)和 Poulos 等(1980)解答的对比结果。不同的桩土弹性模量比 $E_p/E_s = 80$、$8\,000$，不同的荷载作用方向线偏离角 $\beta = 0°$、$90°$，桩长细比 $L/d = 25$。在 Randolph(1981)、Poulos(1971b)和本书的解答中土的泊松比为 $\mu_s = 0.5$，在 Chow(1987)的解答中土的泊松比为 $\mu_s = 0.499$。Randolph(1981)采用近似表达式法与 Poulos 等(1980)的弹性理论解答较接近，Chow(1987)采用有限单元法计算刚度法中的影响系数，比 Randolph(1981)和 Poulos(1971b)的计算结果都小，而本书计算方法与 Chow(1987)的计算结果较为接近。

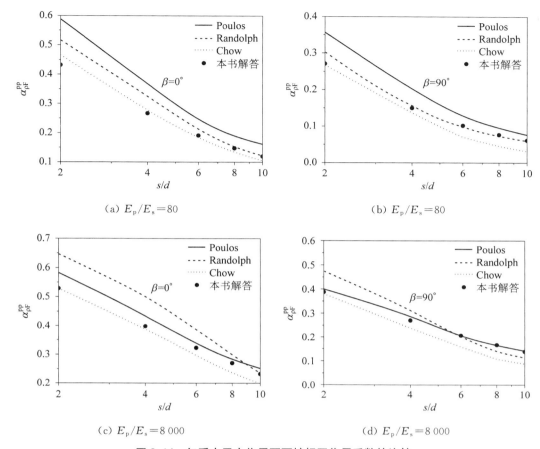

(a) $E_p/E_s = 80$　　　　　　　　(b) $E_p/E_s = 80$

(c) $E_p/E_s = 8\,000$　　　　　　(d) $E_p/E_s = 8\,000$

图 3.14　仅受水平力作用下两桩相互作用系数的比较

3.5　参数分析

3.5.1　桩顶自由

1. 桩土刚度比对位移相互作用系数的影响

为了考察两根摩擦桩之间相互作用系数的特性,图 3.15 和 3.16 给出了土的泊松比为 $\mu_s = 0.3$,桩长细比 $L/d = 60$,不同的桩土弹性模量比 $E_p/E_s = 100$、$1\,000$、$9\,000$),不同的水平荷载作用方向与两根桩中心连线的偏离角 $\beta = 0°$、$45°$、$90°$ 情况下两根摩擦桩桩顶分别在水平力和弯矩单独作用下相互作用系数随不同桩心距 s/d 的变化情况。

从图 3.15 中可以看出,两根摩擦桩仅在水平力单独作用下,随着桩心距的增大,两根桩的相互作用系数明显减小。如图 3.17a 所示,在桩心距 $s/d = 10$ 增加到 $s/d = 30$,桩土弹性模量比 $E_p/E_s = 9\,000$,水平荷载作用方向与两根桩中心连线的偏离角 $\beta = 0°$ 和桩长细比 $L/d = 60$ 时,由相邻桩引起的沉降从 18.4% 减小到 12.7%。桩土弹性模量比 E_p/E_s 对位移相互作用系数 $\alpha_{\rho H}$ 有明显的影响,随着桩土弹性模量比 E_p/E_s 的增大,两根桩之间的位移相

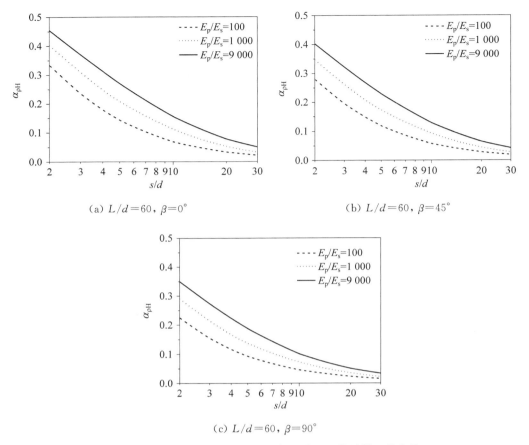

（a）$L/d=60$，$\beta=0°$ （b）$L/d=60$，$\beta=45°$

（c）$L/d=60$，$\beta=90°$

图 3.15   仅受水平力作用下位移相互作用系数随桩距的变化

互作用系数 $\alpha_{\rho H}$ 显著的增加。对于不同的偏离角，两根桩之间的位移相互作用系数随桩间距的变化规律基本相同，但随着水平荷载作用偏离角的增大，位移相互作用系数随着减小。

图 3.16 给出了两根摩擦桩仅在弯矩单独作用下位移相互作用系数随桩间距的变化规律。与图 3.15 对比，发现相同的地方是桩土刚度比对弯矩单独作用下的位移相互作用系数的影响与水平力单独作用下的影响规律相同。不同的地方是，弯矩单独作用下的位移相互作用系数比水平力单独作用下的位移相互作用系数要小。

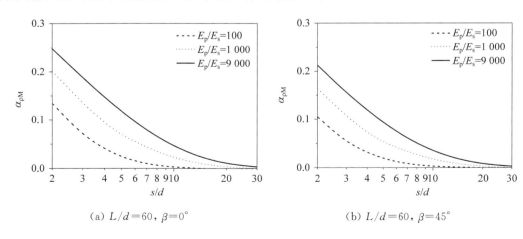

（a）$L/d=60$，$\beta=0°$ （b）$L/d=60$，$\beta=45°$

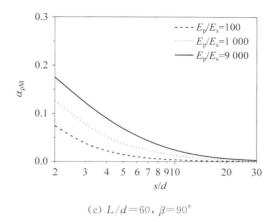

（c）$L/d=60$，$\beta=90°$

图 3.16 仅受弯矩作用下位移相互作用系数随桩距的变化

2. 桩长细比对位移相互作用系数的影响

为了进一步考察两根摩擦桩之间的位移相互作用系数的特性，图 3.17 和 3.18 给出了土的泊松比为 $\mu_s=0.3$，不同的桩土弹性模量比 $E_p/E_s=100$、$1\,000$、$9\,000$，不同的水平荷载作用方向与两根桩中心连线的偏离角 $\beta=0°$、$45°$、$90°$，不同的桩长细比 $L/d=40$、50、60 情况下两根摩擦桩分别在水平力和弯矩单独作用下，位移相互作用系数随不同桩心距 s/d 的变化情况。

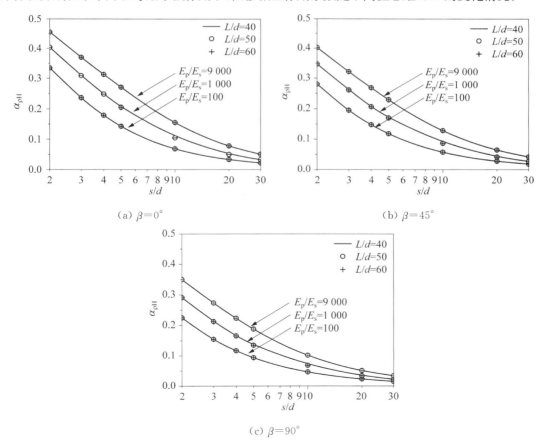

图 3.17 仅受水平力作用下位移相互作用系数随桩距的变化

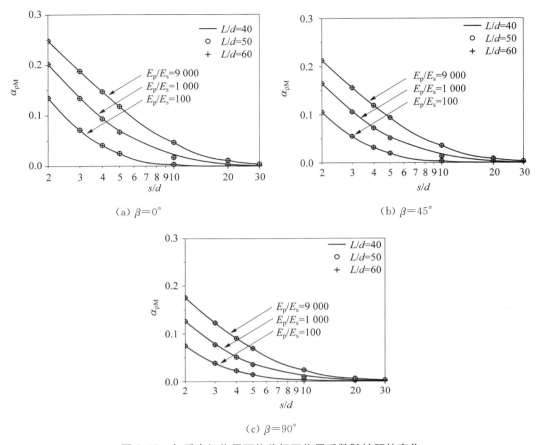

图 3.18　仅受弯矩作用下位移相互作用系数随桩距的变化

　　从图 3.17 和 3.18 中可以看出,不论两根摩擦桩仅在水平力单独作用下,还是两根摩擦桩仅在弯矩单独作用下,对于 3 种不同的桩长细比,位移相互作用系数基本相等。

3. $\alpha_{\rho M}$ 和 $\alpha_{\theta H}$ 的关系

　　图 3.19 给出了土的泊松比为 $\mu_s = 0.3$,桩长细比 $L/d = 60$,不同的桩土弹性模量比 $E_p/E_s = 100$、$1\,000$、$9\,000$,不同的水平荷载作用方向与两根桩中心连线的偏离角 $\beta = 0°$、

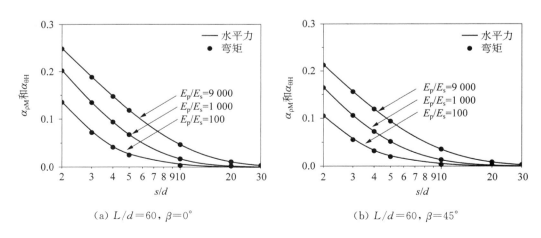

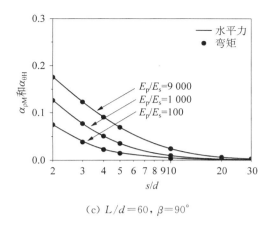

(c) $L/d=60$, $\beta=90°$

图 3.19　相互作用系数随桩距的变化

45°、90°情况下两根摩擦桩分别在水平力单独作用下的转角相互作用系数与在弯矩单独作用下的位移相互作用系数关系。

从图 3.19 可以看出,对于不同的桩土弹性比和不同的荷载作用偏离角,两根摩擦桩在水平力单独作用下的转角相互作用系数与弯矩单独作用下的位移相互作用系数都相等。

4. 桩土刚度比对转角相互作用系数的影响

图 3.20 给出了土的泊松比为 $\mu_s=0.3$,桩长细比 $L/d=60$,不同的桩土弹性模量比 $E_p/E_s=100$、1 000、9 000,不同的水平荷载作用方向与两根桩中心连线的偏离角 $\beta=0°$、45°、90°情况下两根摩擦桩分别在弯矩单独作用下转角相互作用系数随不同桩心距 s/d 的变化情况。

从图 3.20 中可以看出,两根摩擦桩仅在弯矩单独作用下,随着桩心距的增大,两根桩的相互作用系数明显减小。桩土弹性模量比 E_p/E_s 对转角相互作用系数 $\alpha_{\theta M}$ 有明显的影响,随着桩土弹性模量比 E_p/E_s 的增大,两根桩之间的转角相互作用系数显著的增加。对于不同的偏离角,两根桩之间的相互作用系数随桩间距的变化规律基本相同,但随着水平荷载作用偏离角的增大,位移相互作用系数随着减小。

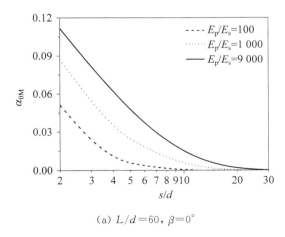

(a) $L/d=60$, $\beta=0°$

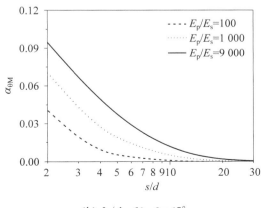

(b) $L/d=60$, $\beta=45°$

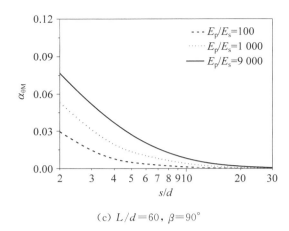

（c）$L/d=60$，$\beta=90°$

图 3.20　仅受弯矩作用下转角相互作用系数随桩距的变化

5. 桩长细比对转角相互作用系数的影响

为了进一步考察两根摩擦桩之间的转角相互作用系数的特性，图 3.21 给出了土的泊松比为 $\mu_s=0.3$，不同的桩土弹性模量比 $E_p/E_s=100$、1 000、9 000，不同的水平荷载作用方向与两根桩中心连线的偏离角 $\beta=0°$、$45°$、$90°$，不同的桩长细比 $L/d=40$、50、60 情况下两根摩擦桩在弯矩单独作用下，转角相互作用系数随不同桩心距 s/d 的变化情况。

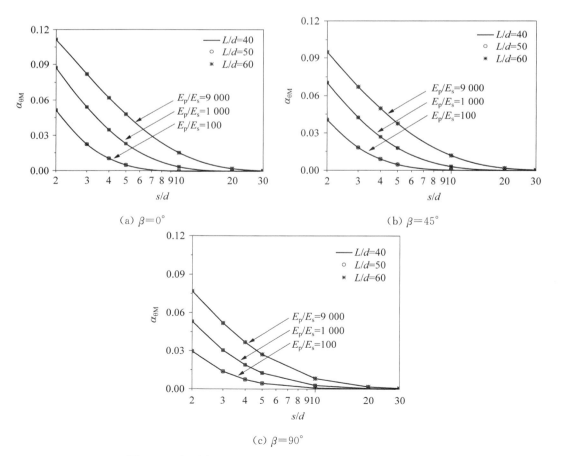

（a）$\beta=0°$　　　　　　　（b）$\beta=45°$

（c）$\beta=90°$

图 3.21　仅受弯矩作用下转角相互作用系数随桩距的变化

从图 3.21 中可以看出,两根摩擦桩仅在弯矩单独作用下,对于 3 种不同的桩长细比,转角相互作用系数基本相等。

3.5.2　桩顶固定

1. 桩土刚度比对位移相互作用系数的影响

为了考察两根桩顶固定桩之间位移相互作用系数的特性,图 3.22 给出了土的泊松比 $\mu_s = 0.3$,桩长细比 $L/d = 80$,不同的桩土弹性模量比 $E_p/E_s = 100$、1 000、5 000、10 000,不同水平荷载作用方向与两根桩中心连线的偏离角 $\beta = 0°$、45°、90° 情况下桩在水平力作用下位移相互作用系数随不同桩心距 s/d 的变化情况。

从图 3.22 中可以看出,两根桩顶固定桩在水平力作用下,随着桩心距的增大,两根桩的位移相互作用系数明显减小。如图 3.22a 所示,在桩心距 $s/d = 5$ 增大到 $s/d = 10$,桩土弹性模量比 $E_p/E_s = 5 000$ 和桩长细比 $L/d = 80$ 时,由相邻桩引起的水平位移由 30% 减小到 18%。桩土弹性模量比 E_p/E_s 对相互作用系数 $\alpha_{\rho F}$ 有明显的影响,随着桩土弹性模量比 E_p/E_s 的增大,两根桩之间的相互作用系数 $\alpha_{\rho F}$ 显著增加。对于不同的偏离角,两根桩之间的相互作用系数随桩间距的变化规律基本相同,但随着水平荷载作用偏离角的增大,位移相互作用系数随之减小。

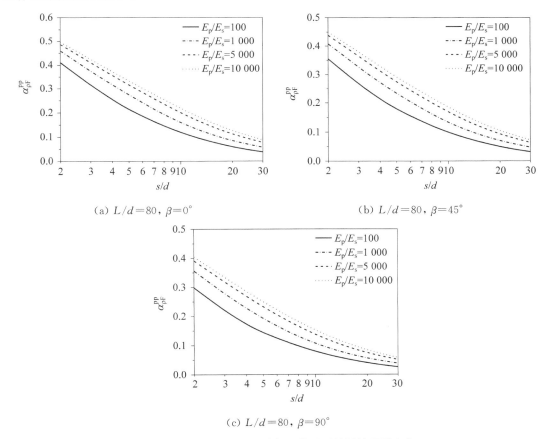

(a) $L/d = 80$,$\beta = 0°$

(b) $L/d = 80$,$\beta = 45°$

(c) $L/d = 80$,$\beta = 90°$

图 3.22　桩顶固定桩位移相互作用系数随桩距的变化

2. 桩长细比对位移相互作用系数的影响

为了进一步考察两根桩桩顶固定桩之间的位移相互作用系数的特性,图 3.23 给出了土的泊松比 $\mu_s=0.3$,不同的桩土弹性模量比 $E_p/E_s=100$、$1\,000$、$5\,000$,不同的水平荷载作用方向与两根桩中心连线的偏离角 $\beta=0°$、$45°$、$90°$,不同的桩长细比 $L/d=10$、20、40、80 情况下,桩在水平力作用下位移相互作用系数随不同桩心距 s/d 的变化情况。

从图 3.23 中可以看出,当桩土弹性模量比 $E_p/E_s=100$、$1\,000$ 时,对于 4 种不同的桩长细比,位移相互作用系数基本相等,但当桩土弹性模量比 $E_p/E_s=5\,000$ 时,也就是刚度较大的桩,桩长不同,位移相互作用系数也不相等。

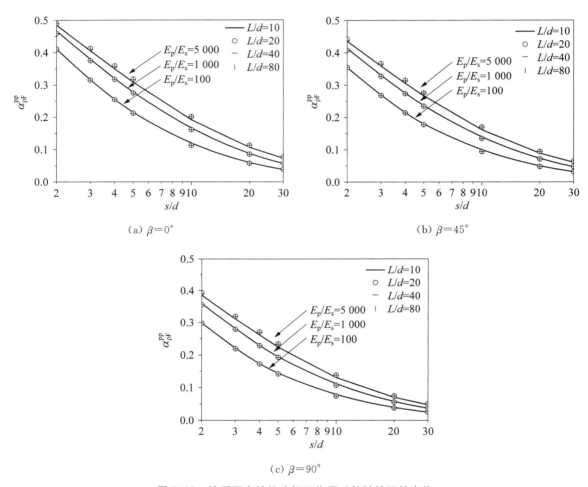

图 3.23 桩顶固定桩位移相互作用系数随桩距的变化

3.6 本章小结

本书为计算群桩在水平荷载作用下的工程性状提出了一种简单有效的方法,采用虚拟桩的方法来计算桩—桩相互作用系数,充分考虑了桩土分离以后桩体孔洞的存在。通过与现有方法的比较,可以看出本书计算方法适当考虑桩的存在对土的变形的影响,即考虑了群桩在土中的"加筋效应"。本书进行的参数研究,可以供工程实际参考。此外,本书两根桩之间的相互作用系数的计算方法可以推广到多根桩的群桩计算问题中,其具体方法将在下文中详细介绍。

第4章

两根不相同桩桩间相互作用系数特性研究

4.1 引言

  Sun(1994)、Zhang 等(2000)和 Guo 等(2001)采用弹性理论法研究了水平荷载作用下桩的工程性状,这些方法从三维的角度考虑了桩土相互作用,但假定在水平向和竖向两个方向上采用的桩土相互作用位移函数相同,因此土的刚度比实际刚度要大(Basu 等,2009)。尽管有限单元法能够模拟土体的非线性和连续性,但由于其建模和计算工作量巨大,使其无法直接用在工程设计计算中。位移相互作用系数法可以有效提高计算效率,Poulos 等(1980)最早分别提出了竖向荷载和水平荷载作用下的桩—桩相互作用系数,但这些基于边界元法得到的相互作用系数由于没有考虑桩的"加筋效应"而过高地估计了桩—桩相互作用系数[El Sharnouby 等(1990),Southcott 等(1996),Basile(1999)]。除了采用边界元法计算桩—桩相互作用系数外,还有荷载传递法[Chow(1986)]、剪切位移法[Mylonakis 等(1998)]和虚拟桩法[Chen 等(2008),Cao 等(2008)]。但这些方法得到的都是两根等长、等直径和等弹性模量桩的桩—桩相互作用系数。

  近些年,许多学者对非等长桩开展了相关的研究,如通过优化长短桩的布置来减小桩筏基础[Leung 等(2010),Liang 等(2009),Kim 等(2001)]和复合地基[Zhao 等(2006)]的不均匀沉降,Abdrabbo 等(2015)研究了长短桩对群桩工程性状的影响。对于层状地基、饱和多孔性土和砂土中[Zhang 等(2011),Liang 等(2014)]不相同桩的桩—桩相互作用也有学者开展了研究。Wong 等(2005)计算了两根不相同桩多种组合情况下的相互作用系数近似解,如不等长桩、不同桩直径和不同桩底情况。以上对不相同桩的桩—桩相互作用都是在竖向荷载作用下的研究,而对水平荷载的研究很少。

  本书基于 Muki 等(1970)的虚拟桩方法计算两根水平荷载作用下不相同桩的桩—桩相互作用系数,将两根不相同桩的相互作用问题分解为弹性半空间土和两根不相同的虚拟桩的叠加,通过与已有计算结果的比较来验证本书计算方法的正确性。

4.2　混合桩型桩基的解法

4.2.1　不相同桩的 Fredholm 积分方程的建立

图 4.1 所示为半空间土体中任意两根直径分别为 d_1、d_2 弹性模量分别为 E_{p1}、E_{p2} 和长度分别为 L_1、L_2 的水平向荷载作用下的桩 B_1' 和 B_2'，两根桩之间的桩心距为 s，连接桩中心线与荷载作用方向线的夹角为 β，称为偏离角。桩体的横截面积分别为 A_1、A_2，设两根桩桩顶分别作用大小相等的单位水平向荷载 $V(0)$ 和单位弯矩 $M(0)$。分析时将真实桩分解为虚拟土 B 和虚拟桩 B_{*1}、B_{*2}，第 i 根虚拟桩的弹性模量为

$$E_{*i} = E_{pi} - E_s \quad (i = 1, 2) \tag{4.1}$$

式中，E_{*i} 为第 i 根虚拟桩的弹性模量，E_s 为土的弹性模量。

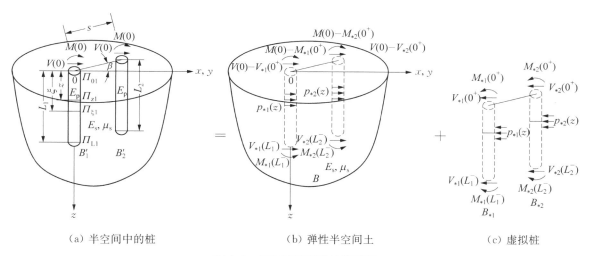

(a) 半空间中的桩　　　　(b) 弹性半空间土　　　　(c) 虚拟桩

图 4.1　长短桩桩基础计算模型

根据梁的伯努利—欧拉的挠度理论，第 i 根虚拟桩 B_{*i} 的挠度曲线微分方程为

$$E_{*i}I \frac{\mathrm{d}^2 u_{*i}(z)}{\mathrm{d}z^2} = M_{*i}(z) \quad (i = 1, 2) \tag{4.2}$$

第 i 根虚拟桩的平衡方程为

$$\frac{\mathrm{d}M_{*i}(z)}{\mathrm{d}z} = V_{*i}(z) \quad (i = 1, 2) \tag{4.3}$$

$$\frac{\mathrm{d}V_{*i}(z)}{\mathrm{d}z} = -p_{*i}(z) \quad (i = 1, 2) \tag{4.4}$$

根据 Reissner(1940)、Muki 等(1968)假设桩两端通过集中力的方式直接传递给桩周围的土，不考虑桩身与土之间的摩擦力。图 4.1c 表示作用在虚拟桩 B_* 上的外力：①$-p_{*i}(z)$($i=$

1，2)表示半空间扩展土作用在虚拟桩 i 单位长度上的力；②$V_{*i}(0^+)$、$-M_{*i}(0^+)$分别表示直接作用在第 i 根虚拟桩桩顶上的剪力和弯矩；③$-V_{*i}(L_i^-)$、$M_{*i}(L_i^-)$分别表示作用在第 i 根桩桩底上的剪力和弯矩。根据力的作用与反作用原理，作用在半空间扩展土 B 上的力包括：①$p_{*i}(z)$表示虚拟桩作用在半空间扩展土单位长度上的力；②$V(0)-V_{*i}(0^+)$、$-[M(0)-M_{*i}(0^+)]$分别表示真实桩在截面 Π_{0i} 上直接作用在半空间扩展土上的剪力和弯矩；③$V_{*i}(L_i^-)$、$-M_{*i}(L_i^-)$分别表示虚拟桩在截面 Π_{Li} 上作用在半空间土上的剪力和弯矩。Pak(1989)进一步假定桩身横截面发生小的旋转，则由真实桩的底端直接传递给虚拟桩的弯矩以及真实桩在截面 Π_{0i} 上直接作用在半空间扩展土上的弯矩可以忽略不计，即

$$M_{*i}(L_i)=0, \ (i=1, 2) \tag{4.5}$$

$$M_i(0)-M_{*i}(0^+)=0 \tag{4.6}$$

半空间扩展土中第 i 根桩中心轴线上的点 $X=(0, 0, z)$ 在 x 方向上的位移为

$$u_{si}(z)=\sum_{j=1}^{2}\Big\{[V_i(0)-V_{*i}(0^+)]\hat{u}_{i,j}(z, 0, s, \beta)+V_{*i}(L_i)\hat{u}_{i,j}(z, L_j, s, \beta) \\ +\int_0^{L_j} p_{*i}(\xi)\hat{u}_{i,j}(z, \xi, s, \beta)\mathrm{d}\xi\Big\} \quad (i=1, 2) \tag{4.7}$$

式中，$\hat{u}_{i,j}(z, \xi, s, \beta)$ 表示对于每一点 $z\in[0, L_i]$ 和 $\xi\in[0, L_j]$，第 j 根桩所在位置弹性半空间土任意截面 $\Pi_{\xi j}$ 处作用合力为单位力的均布荷载时在第 i 根桩所在位置的弹性半空间土任意截面 Π_{zi} 圆心处所产生的水平向位移，其值可由 Mindlin 基本解进行积分得到，详见第 2 章。

虚拟桩的位移与半空间扩展土的位移协调，所以在虚拟桩中心轴线上虚拟桩的位移与半空间扩展土的位移相等，即

$$u_{*i}(z)=u_{si}(z) \quad (0\leqslant z\leqslant L_i, i=1, 2) \tag{4.8}$$

由式(4.7)和位移协调条件式(4.8)，虚拟桩的位移可以表示为

$$u_{*i}(z)=\sum_{j=1}^{2}\Big\{[V_i(0)-V_{*i}(0^+)]\hat{u}_{i,j}(z, 0, s, \beta)+V_{*i}(L_i)\hat{u}_{i,j}(z, L_j, s, \beta) \\ +\int_0^{L_j} p_{*i}(\xi)\hat{u}_{i,j}(z, \xi, s, \beta)\mathrm{d}\xi\Big\} \quad (i=1, 2) \tag{4.9}$$

利用式(4.4)，式(4.9)可以写为

$$u_{*i}(z)=\sum_{j=1}^{2}\Big\{[V_i(0)-V_{*i}(0^+)]\hat{u}_{i,j}(z, 0, s, \beta)+V_{*i}(L_i)\hat{u}_{i,j}(z, L_j, s, \beta) \\ -\int_0^{L_j} \frac{\mathrm{d}V_{*i}(z)}{\mathrm{d}z}\hat{u}_{i,j}(z, \xi, s, \beta)\mathrm{d}\xi\Big\} \quad (i=1, 2) \tag{4.10}$$

对式(4.10)中右边最后一项进行分部积分,并由式(4.3)可以得到

$$\sum_{j=1}^{2}\int_{0}^{L_{j}}\frac{\mathrm{d}V_{*i}(z)}{\mathrm{d}z}\hat{u}_{i,j}(z,\xi,s,\beta)\mathrm{d}\xi$$

$$=\sum_{j=1}^{2}\left\{V_{*i}(\xi)\hat{u}_{i,j}(z,\xi,s,\beta)\mid_{0}^{L_{j}}-\int_{0}^{L_{j}}V_{*i}(\xi)\frac{\partial\hat{u}_{i,j}(z,\xi,s,\beta)}{\partial\xi}\mathrm{d}\xi\right\}$$

$$=\sum_{j=1}^{2}\left\{V_{*i}(\xi)\hat{u}_{i,j}(z,\xi,s,\beta)\mid_{0}^{L_{j}}-\int_{0}^{L_{j}}\frac{\mathrm{d}M_{*i}(\xi)}{\mathrm{d}\xi}\frac{\partial\hat{u}_{i,j}(z,\xi,s,\beta)}{\partial\xi}\mathrm{d}\xi\right\} \quad (4.11)$$

$$=\sum_{j=1}^{2}\left\{V_{*i}(\xi)\hat{u}_{i,j}(z,\xi,s,\beta)\mid_{0}^{L_{j}}-M_{*i}(\xi)\frac{\partial\hat{u}_{i,j}(z,\xi,s,\beta)}{\partial\xi}\mid_{0}^{L_{j}}+\right.$$

$$\left.\int_{0}^{L_{j}}M_{*i}(\xi)\frac{\partial^{2}\hat{u}_{i,j}(z,\xi,s,\beta)}{\partial\xi^{2}}\mathrm{d}\xi\right\}$$

利用式(4.5)和式(4.6),并考虑 $\frac{\partial\hat{u}_{i,i}(z,\xi,0,0)}{\partial\xi}$ 的间断性,式(4.11)可以写为

$$\sum_{j=1}^{2}\int_{0}^{L_{j}}\frac{\mathrm{d}V_{*i}(z)}{\mathrm{d}z}\hat{u}_{i,j}(z,\xi,s,\beta)\mathrm{d}\xi$$

$$=\sum_{j=1}^{2}\left\{V_{*}(\xi)\hat{u}_{i,j}(z,\xi,s,\beta)\mid_{0}^{L_{j}}+M(0)\frac{\partial\hat{u}_{i,j}(z,\xi,s,\beta)}{\partial\xi}\right. \quad (4.12)$$

$$\left.+M_{*i}(z)\frac{\partial\hat{u}_{i,i}(z,\xi,s,\beta)}{\partial\xi}\mid_{z^{-}}^{z^{+}}+\int_{0}^{L_{j}}M_{*i}(\xi)\frac{\partial^{2}\hat{u}_{i,j}(z,\xi,s,\beta)}{\partial\xi^{2}}\mathrm{d}\xi\right\}$$

将式(4.12)代入式(4.10)并化简,则得到

$$u_{*i}(z)=\sum_{j=1}^{2}\left\{V_{i}(0)\hat{u}_{i,j}(z,0,s,\beta)-M(0)\frac{\partial\hat{u}_{i,j}(z,0,s,\beta)}{\partial\xi}-\right.$$

$$\left.\int_{0}^{L_{j}}M_{*i}(\xi)\frac{\partial^{2}\hat{u}_{i,j}(z,\xi,s,\beta)}{\partial\xi^{2}}\mathrm{d}\xi\right\} \quad (4.13)$$

$$-M_{*i}(z)\frac{\partial\hat{u}_{i,i}(z,\xi,0,0)}{\partial\xi}\mid_{z^{-}}^{z^{+}} \quad (i=1,2)$$

式中, $\frac{\partial\hat{u}_{i,i}(z,z^{+},0,0)}{\partial\xi}$, $\frac{\partial\hat{u}_{i,i}(z,z^{-},0,0)}{\partial\xi}$ 分别表示荷载作用在第 i 根桩 $\Pi_{\xi i}$ 截面分别从上侧和下侧无限趋近第 i 根桩 Π_{zi} 截面时所引起的 Π_{zi} 截面处圆心的水平向应变。

假设第 i 根虚拟桩 $u_{*i}(z)$ 为

$$u_{*i}(z)=-\int_{0}^{L_{i}}g_{i}(z,\xi)M_{*i}(\xi)\mathrm{d}\xi+u_{*i}(0)\left(1-\frac{z}{L_{i}}\right)+u_{*i}(L_{i})\left(\frac{z}{L_{i}}\right) \quad (4.14)$$

其中,

$$g_i(z, \xi) = \frac{1}{E_{*i}I_i} \begin{cases} \left(1 - \dfrac{\xi}{L_i}\right)z & (z < \xi) \\ \\ \left(1 - \dfrac{z}{L_i}\right)\xi & (z > \xi) \end{cases} \qquad (i = 1, 2) \tag{4.15}$$

为了进行无量纲分析，假设以下参数

$$\bar{z} = \frac{z}{a_i}, \ \bar{\xi} = \frac{\xi}{a_i}, \ \bar{s} = \frac{s}{a_i}, \ \bar{\beta} = \beta, \ \bar{L}_i = \frac{L_i}{a_i}, \ \bar{E}_i = \frac{E_{pi}}{E_s}, \ \kappa = \frac{8}{(1+v_s)(\bar{E}_s - 1)}, \ \bar{M}(0) = \frac{M_i(0)}{4\pi G_s a_i^3},$$

$$\bar{M}_i(\bar{z}) = \frac{M_{*i}(z)}{4\pi G_s a_i^3}, \ \bar{u}_i = \frac{u_{*i}}{a_i}, \ \bar{V}_i(0) = \frac{V_i(0)}{4\pi G_s a_i^2}, \ \bar{V}_i(\bar{z}) = \frac{V_{*i}(z)}{4\pi G_s a_i^2} \tag{4.16}$$

式中，G_s 和 v_s 分别是土的剪切模量和泊松比。由式（4.13）、式（2.20）和式（4.14）可得到用无量纲参数表示的控制方程为

$$B_i(\bar{z})\bar{u}_{*i}(0) + C_i(\bar{z})\bar{u}_{*i}(\bar{L}_i) + \int_0^{L_i} K_i(\bar{z}, \bar{\xi}, \bar{s}, \bar{\beta})\bar{M}_i(\bar{\xi})\mathrm{d}\bar{\xi} - 2\bar{M}_i(z)$$

$$= \sum_{j=1}^{2}\left[\bar{V}_i(0)\bar{U}_{i,j}(\bar{z}, 0, \bar{s}, \beta) - \bar{M}_i(0)\frac{\partial \bar{U}_{i,j}(\bar{z}, \bar{\xi}, \bar{s}, \beta)}{\partial \bar{\xi}}\right]\Bigg|_{\bar{\xi}=0} \qquad (0 \leqslant \bar{z} \leqslant \bar{L}_i) \tag{4.17}$$

式中，$B_i(\bar{z}) = \left(1 - \dfrac{\bar{z}}{L_i}\right)$，$C_i(\bar{z}) = \dfrac{\bar{z}}{L_i}$，$\bar{U}_{i,j}(\bar{z}, \bar{\xi}, \bar{s}, \beta) = 4\pi G_s a\hat{u}_{i,j}(z, \xi, s, \beta)$，

$$G_i(\bar{z}, \bar{\xi}) = \begin{cases} \left(1 - \dfrac{\bar{\xi}}{L_i}\right)\bar{z} & (\bar{z} < \bar{\xi}) \\ \\ \left(1 - \dfrac{\bar{z}}{L_i}\right)\bar{\xi} & (\bar{z} > \bar{\xi}) \end{cases}, \tag{4.18}$$

$$K_i(\bar{z}, \bar{\xi}, \bar{s}, \beta) = \sum_{j=1}^{2}\frac{\partial^2 \bar{U}_{i,j}(\bar{z}, \bar{\xi}, \bar{s}, \beta)}{\partial \bar{\xi}^2} - \kappa G_i(\bar{z}, \bar{\xi})$$

式（4.18）就是求解第 i 根桩顶在不同水平向荷载作用下混合桩型桩基问题所需要的第二类 Fredholm 积分方程，与式（4.5）和式（4.6）联立可以直接求解，其中待求的未知量为虚拟桩的桩身弯矩、桩顶水平位移和桩底的水平位移。

4.2.2 桩顶自由时桩身位移和转角的解答

用无量纲参数表示第 i 根虚拟桩的位移为

$$\bar{u}_i^{pp}(\bar{z}) = -\int_0^{\bar{L}_i}\kappa G_i(\bar{z}, \bar{\xi})\bar{M}_i(\bar{\xi})\mathrm{d}\bar{\xi} + \bar{u}_i(0)\left(1 - \frac{\bar{z}}{L_i}\right) + \bar{u}_i(\bar{L}_i)\left(\frac{\bar{z}}{L_i}\right) \qquad (i = 1, 2) \tag{4.19}$$

第 i 根虚拟桩的转角 $\theta_i^{pp}(\bar{z})$ 可以表示为

$$\theta_i^{pp}(\bar{z}) = \frac{\mathrm{d}\bar{u}_i^{pp}(\bar{z})}{\mathrm{d}\bar{z}} \quad (i = 1,\ 2) \tag{4.20}$$

式(4.19)代入式(4.20)可以得到虚拟桩的转角表达式,即

$$\theta_i^{pp}(\bar{z}) = -\int_0^{\bar{L}_i} \kappa H_i(\bar{z},\ \bar{\xi})\bar{M}_i(\bar{\xi})\mathrm{d}\bar{\xi} + \frac{1}{\bar{L}_i}\left[\bar{u}_i(\bar{L}_i) - \bar{u}_i(0)\right] \quad (i = 1,\ 2) \tag{4.21}$$

式中,

$$H_i(\bar{z},\ \bar{\xi}) = \begin{cases} 1 - \dfrac{\bar{\xi}}{\bar{L}_i} & (\bar{z} < \bar{\xi}) \\[2mm] -\dfrac{\bar{\xi}}{\bar{L}_i} & (\bar{z} > \bar{\xi}) \end{cases} \quad (i = 1,\ 2) \tag{4.22}$$

令式(4.19)中的 $z = 0$,则可得到第 i 根桩桩顶的位移为

$$\bar{u}_i^{pp}(0) = -\int_0^{\bar{L}_i} \kappa G_i(0,\ \bar{\xi})\bar{M}_i(\bar{\xi})\mathrm{d}\bar{\xi} + \bar{u}_i(0) \quad (i = 1,\ 2) \tag{4.23}$$

在求解桩顶位移 $\bar{u}_{wi}^{pp}(0)$ 时,两根桩可以是不同长度、不同直径以及不同弹性模量,因此本书方法可以用来分析混合桩型桩基础。

4.2.3　桩顶固定时桩身位移和转角的解答

上一节中介绍了桩顶自由时两根不相同桩相互作用时的桩身弯矩、水平位移和转角的积分方程解法,本节介绍桩顶固定时两根不相同桩的桩身弯矩、水平位移和转角的积分方程解法。

根据 Poulos 等(1980)的分析方法,桩顶固定时桩顶转角等于零的条件,即

$$\theta_i^{pp}(0) = 0 \tag{4.24}$$

由式(4.21)有

$$-\int_0^{\bar{L}_i} \kappa H_i(\bar{z},\ \bar{\xi})\bar{M}_i(\bar{\xi})\mathrm{d}\bar{\xi} + \frac{1}{\bar{L}_i}\left[\bar{u}_i(\bar{L}_i) - \bar{u}_i(0)\right] = 0 \tag{4.25}$$

式(4.25)与式(4.17)联立求解可以得到桩顶固定时两根不相同桩各自桩身弯矩,桩顶固定时两根不相同桩各自的水平位移和转角与桩顶自由时的求解方法相同,即同样可以由式(4.19)和式(4.21)分别得到桩顶固定时两根不相同桩各自的水平位移和转角。

4.3　位移和转角相互作用系数

根据 Poulos(1968)给出的均质半无限空间相互作用系数的概念,图 4.1 中两根非等长的第 j 根桩对第 i 根桩的位移相互作用系数和转角相互作用系数可以分别表示为

$$\alpha_{\rho i j}^{pp} = \frac{\bar{u}_i^{pp}(0) - \bar{u}_i^{p}(0)}{\bar{u}_i^{p}(0)} \quad (i=1,2,j=1,2,i \neq j) \tag{4.26}$$

$$\alpha_{\theta i j}^{pp} = \frac{\bar{\theta}_i^{pp}(0) - \bar{\theta}_i^{p}(0)}{\bar{\theta}_i^{p}(0)} \quad (i=1,2,j=1,2,i \neq j) \tag{4.27}$$

式中，$u_i^{p}(0)$ 和 $\theta_i^{p}(0)$ 分别表示半空间体中第 i 根单桩在桩顶受到各种水平荷载作用下的水平位移和转角。两根桩的位移相互作用系数 $\alpha_{\rho i j}^{pp}$ 和转角相互作用系数 $\alpha_{\theta i j}^{pp}$ 与第 i 根桩对第 j 根桩的间距及两根桩各自的弹性模量、长度和半径有关，因此在一般情况下，$\alpha_{\rho i j}^{pp} \neq \alpha_{\rho j i}^{pp}$，$\alpha_{\theta i j}^{pp} \neq \alpha_{\theta j i}^{pp}$。在两种水平荷载和桩顶自由条件下，用 $\alpha_{\rho H i j}^{pp}$ 和 $\alpha_{\theta H i j}^{pp}$ 表示桩顶仅受水平力的桩顶自由桩的位移相互作用系数和转角相互作用系数；用 $\alpha_{\rho M i j}^{pp}$ 和 $\alpha_{\theta M i j}^{pp}$ 表示桩顶仅受弯矩的桩顶自由桩的位移相互作用系数和转角相互作用系数。在桩顶固定条件下，用 $\alpha_{\rho F i j}^{pp}$ 表示桩顶仅受水平力的桩顶固定桩的位移相互作用系数。

4.4 算例验证

4.4.1 桩顶自由

1. 等长桩比较

为了验证本书水平荷载作用下两根非等长桩位移相互作用系数和转角相互作用系数计算方法的正确性，取长桩和短桩的长度相等，下面与等长桩的计算结果进行比较。图 4.2 和 4.3 给出了土的泊松比为 $\mu_s = 0.3$，桩长细比 $L/d = 40$，不同的桩土弹性模量比 $E_p/E_s = 100$、$1\,000$、$9\,000$，不同的水平荷载作用方向与两根桩中心连线的偏离角 $\beta = 0°$、$45°$、$90°$ 情况下两根摩擦桩分别在水平力和弯矩单独作用下相互作用系数随不同桩心距 s/d 的变化情况。从图上可以看出，本书非等长桩计算方法与等长桩的计算结果一致，证明本书的计算方法和程序编写都是正确的。

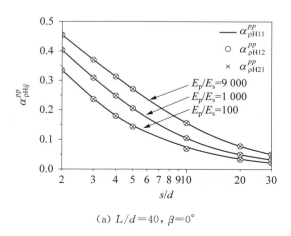

(a) $L/d = 40$，$\beta = 0°$

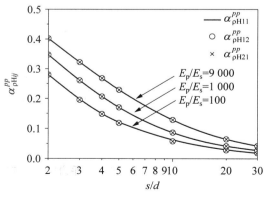

(b) $L/d = 40$，$\beta = 45°$

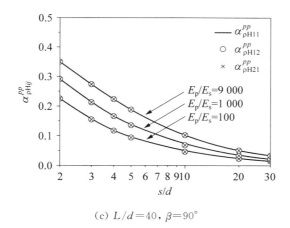

（c）$L/d=40$，$\beta=90°$

图 4.2 仅受水平力作用下位移相互作用系数随桩距变化的比较

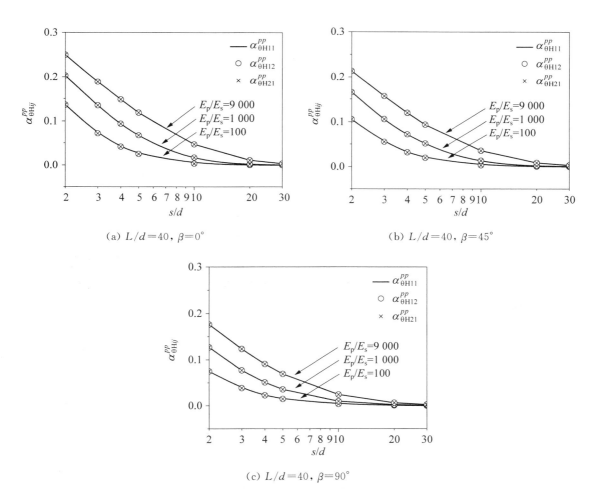

（a）$L/d=40$，$\beta=0°$

（b）$L/d=40$，$\beta=45°$

（c）$L/d=40$，$\beta=90°$

图 4.3 仅受水平力作用下转角相互作用系数随桩距变化的比较

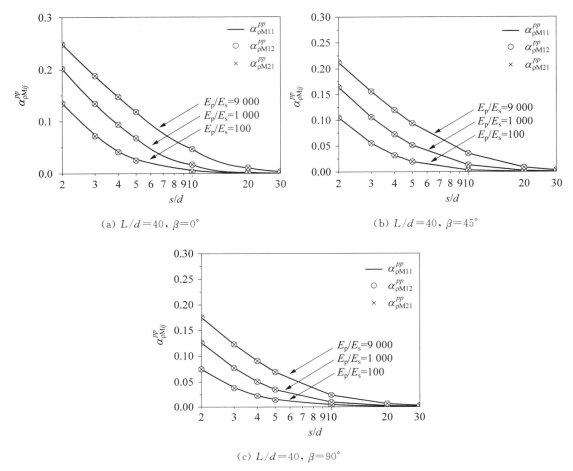

图 4.4 仅受弯矩作用下位移相互作用系数随桩距变化的比较

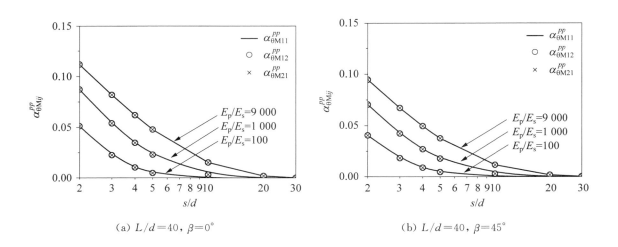

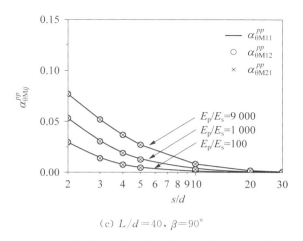

（c）$L/d=40$，$\beta=90°$

图 4.5 仅受弯矩作用下转角相互作用系数随桩距变化的比较

2. 不等长桩比较

为了验证本书非等长桩位移相互作用系数计算结果的正确性，将本书方法与三维有限元计算结果进行了比较。桩土相互作用的三维有限元计算模型如图 4.6 所示，为了避免边界对计算结果的影响，计算模型的底边和 4 个侧面需要设置的足够远。计算模型侧面距离桩中心线的距离是 $15d$，长桩桩底距离计算模型底面的距离是 $10d$。模型底面节点的水平位移和竖向位移都固定，模型 4 个侧面的节点仅固定与侧面垂直方向的位移。桩与桩周土之间不发生滑移。单元划分密度通过多次试算来确定，即再增加单元划分密度，计算结果不再改变为最终的单元划分密度。本书的计算模型包括 24 640 个模拟桩周土的块体单元和 30 个模拟长短桩的两节点梁单元。

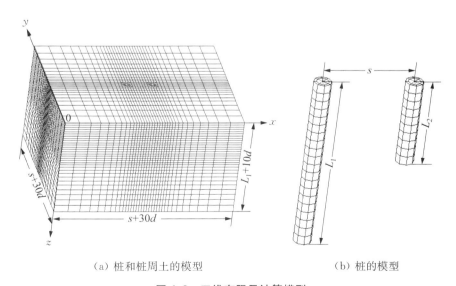

（a）桩和桩周土的模型　　　　　　　　（b）桩的模型

图 4.6 三维有限元计算模型

如图 4.6 所示，桩 1 为长桩，分以下两组参数进行计算：① $E_p/E_s=9\,000$，$L_1/d=20$，

$L_2/d=10$，$\mu_s=0.3$，$\mu_p=0.25$；② $E_p/E_s=9\,000$，$L_1/d=10$，$L_2/d=5$，$\mu_s=0.3$，$\mu_p=0.25$。

从图 4.7 中可以看出，本书计算结果与有限元计算结果基本一致。从图 4.7b 中有限元计算结果可以看出，随着桩心距的增加，短桩对长桩的相互作用系数 $\alpha_{\rho H12}^{pp}$ 与长桩对短桩的相互作用系数 $\alpha_{\rho H21}^{pp}$ 之间的差值由 0.18 减小为 0.02。另外，在桩心距 $s/d=2$ 时，在两组计算参数中，相互作用系数 $\alpha_{\rho H12}^{pp}$ 比相互作用系数 $\alpha_{\rho H21}^{pp}$ 分别大 25% 和 55%。因此，长短桩间的位移相互作用系数有工程研究价值。

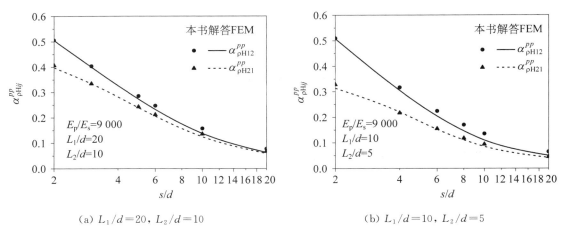

(a) $L_1/d=20$，$L_2/d=10$ (b) $L_1/d=10$，$L_2/d=5$

图 4.7　不等长桩位移相互作用系数比较

4.4.2　桩顶固定

为了验证本书水平荷载作用下桩顶固定两根非等长桩位移相互作用系数和转角相互作用系数计算方法的正确性，取长桩和短桩的长度相等，下面与桩顶固定等长桩的计算结果进行比较。图 4.8 给出了土的泊松比 $\mu_s=0.3$，桩长细比 $L/d=40$，不同的桩土弹性模量比 $E_p/E_s=100$、$1\,000$、$10\,000$，不同的水平荷载作用方向与两根桩中心连线的偏离角 $\beta=0°$、

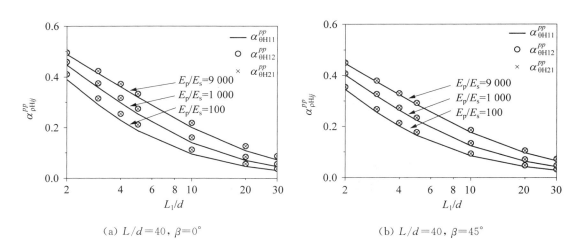

(a) $L/d=40$，$\beta=0°$ (b) $L/d=40$，$\beta=45°$

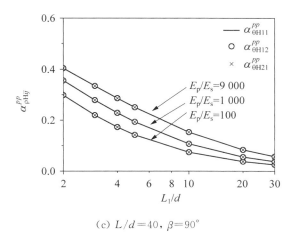

(c) $L/d = 40$，$\beta = 90°$

图 4.8　仅受水平力作用下位移相互作用系数随桩距变化的比较

45°、90° 情况下两根摩擦桩分别在水平力和弯矩单独作用下相互作用系数随不同桩心距 s/d 的变化情况。

从图 4.8 可以看出，本书桩顶固定情况下非等长桩计算方法与等长桩的计算结果一致，证明本书的计算方法和程序编写都是正确的。

4.5　参数分析

4.5.1　桩顶自由

1. 短桩长度 $L_2/d = 5$

（1）桩身刚度对两根非等长桩间位移相互作用系数的影响。

为了考察两根非等长桩之间相互作用系数的特性，图 4.9 和 4.10 给出了土的泊松比 $\mu_s = 0.3$，短桩长细比 $L_2/d = 5$ 保持不变，桩间距 $s/d = 2$，不同的桩土弹性模量比 $E_p/E_s = 100$、500、$1\,000$、$9\,000$，不同的水平荷载作用方向与两根桩中心连线的偏离角 $\beta = 0°$、$45°$、$90°$ 情况下两根非等长摩擦桩分别在水平力和弯矩单独作用下相互作用系数随不同长桩桩长 L_1/d 的变化情况。

从图 4.9 中可以看出，两根长短桩仅在水平力单独作用下，短桩长度保持不变，随着长桩桩长的增大，长桩的位移相互作用系数 $\alpha_{\rho H12}^{pp}$ 与短桩的位移相互作用系数 $\alpha_{\rho H21}^{pp}$ 变化趋势不相同。长桩的位移相互作用系数随着长桩桩长的增大而增大；相反，短桩的位移相互作用系数随着长桩桩长的增大而减小。

桩土弹性模量比 E_p/E_s 对位移相互作用系数这种变化趋势有明显的影响，随着桩土弹性模量比 E_p/E_s 的增大，这种变化趋势的明显程度也在增加。当桩土弹性模量比 $E_p/E_s = 100$，长短桩的位移相互作用系数基本相等，且大小不受长桩的桩长变化的影响。相反，对于相对刚度较大的桩，如桩土弹性模量比 $E_p/E_s = 9\,000$，水平荷载作用方向与两根桩中心连线的偏离角 $\beta = 0°$，在长桩桩长是短桩长度 3 倍的时候，长桩的位移相互作用系数大小是短桩的位移相互作用系数的 1.87 倍。另外，对于桩土弹性模量比 $E_\text{p}/E_\text{s}=9\,000$，当长桩桩长增大到短桩长度 3 倍以上的时候，长短桩的位移相互作用系数大小基本保持不变。

对于不同的偏离角，长短桩各自的位移相互作用系数随长桩桩长的变化规律基本相同，但随着水平荷载作用偏离角的增大，长短桩各自的位移相互作用系数都随着相应减小。

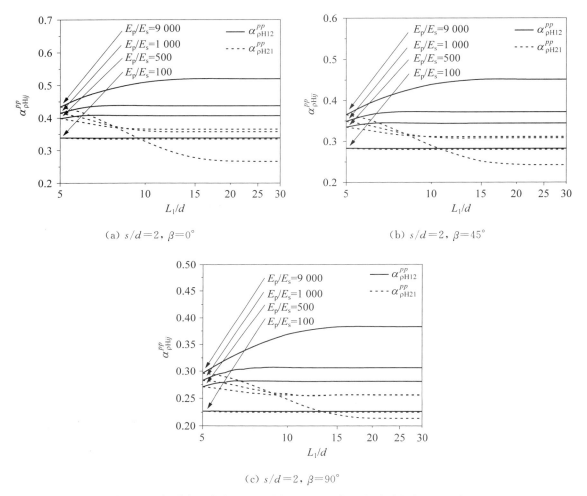

(a) $s/d=2$, $\beta=0°$

(b) $s/d=2$, $\beta=45°$

(c) $s/d=2$, $\beta=90°$

图 4.9 仅受水平力作用下位移相互作用系数随长桩桩长变化的比较

图 4.10 给出了长短桩仅在弯矩单独作用下位移相互作用系数随长桩桩长的变化规律。与图 4.7 对比，发现相同的地方是桩土刚度比对弯矩单独作用下的位移相互作用系数的影响与水平力单独作用下的影响规律相同。不同的地方主要有：弯矩单独作用下的位移相互作用系数比水平力单独作用下的位移相互作用系数要小；另外，随着长桩桩长的增长的一定数值后，在 $\beta=90°$，长桩的位移相互作用系数出现由增大变为减小的趋势。

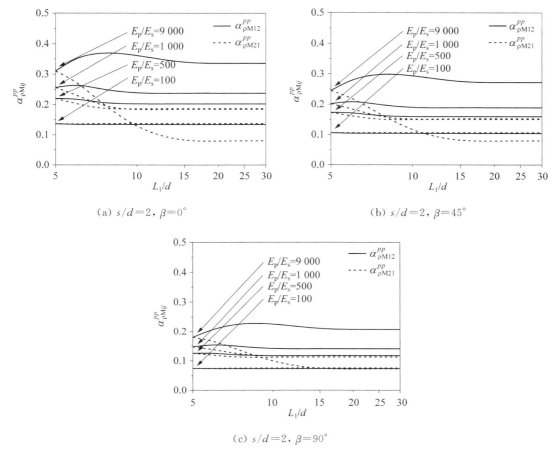

(a) $s/d=2$, $\beta=0°$

(b) $s/d=2$, $\beta=45°$

(c) $s/d=2$, $\beta=90°$

图 4.10 仅受弯矩作用下位移相互作用系数随长桩桩长变化的比较

（2）桩身刚度对两根非等长桩间转角相互作用系数的影响。

为了考察两根非等长桩之间转角相互作用系数的特性，图 4.11 和 4.12 给出了土的泊松比为 $\mu_s=0.3$，短桩长细比 $L_2/d=5$ 大小保持不变，桩间距 $s/d=2$，不同的桩土弹性模量比 $E_p/E_s=100$、500、1 000、9 000，不同的水平荷载作用方向与两根桩中心连线的偏离角 $\beta=0°$、45°、90° 情况下两根非等长摩擦桩分别在水平力和弯矩单独作用下转角相互作用系数随不同长桩桩长 L_1/d 的变化情况。

从图 4.11 中可以看出，与位移相互作用系数的变化规律相同，两根长短桩仅在水平力单独作用下，短桩长度保持不变，随着长桩桩长的增大，长桩的转角相互作用系数 $\alpha_{\rho\theta H12}^{pp}$ 与短桩的位移相互作用系数 $\alpha_{\rho\theta H21}^{pp}$ 变化趋势也不相同。长桩的转角相互作用系数随着长桩桩长的增大而增大；相反，短桩的转角相互作用系数随着长桩桩长的增大而减小。这种变化趋势随着桩土弹性模量比 E_p/E_s 的增大而变得更加明显。另外，这种变化趋势随着长桩桩长增加到一定数值后，长短桩的位移相互作用系数大小不再发生变化。

对于不同的偏离角，长短桩各自的转角相互作用系数随长桩桩长的变化规律基本相同，但随着水平荷载作用偏离角的增大，长短桩各自的转角相互作用系数都随着相应减小。

　　图 4.12 给出了长短桩仅在弯矩单独作用下转角相互作用系数随长桩桩长的变化规律。与图 4.9 对比,发现相同的地方是桩土刚度比对弯矩单独作用下的转角相互作用系数的影响与水平力单独作用下的影响规律相同。不同的地方主要有:弯矩单独作用下的转角相互

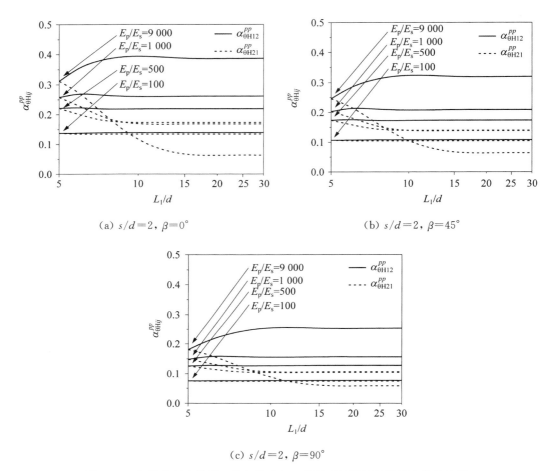

(a) $s/d=2$, $\beta=0°$　　　　　　　　　　　(b) $s/d=2$, $\beta=45°$

(c) $s/d=2$, $\beta=90°$

图 4.11　仅受水平力作用下转角位移相互作用系数随长桩桩长变化的比较

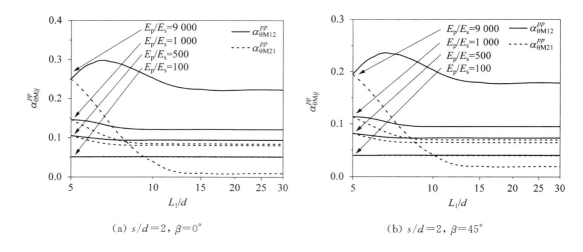

(a) $s/d=2$, $\beta=0°$　　　　　　　　　　　(b) $s/d=2$, $\beta=45°$

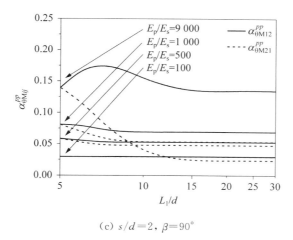

（c）$s/d=2$，$\beta=90°$

图 4.12　仅受弯矩作用下转角相互作用系数随长桩桩长变化的比较

作用系数比水平力单独作用下的转角相互作用系数小；另外，随着长桩桩长增长到一定数值后，长桩的转角相互作用系数由增大变为减小，并且桩的刚度越大，这种由增大变为减小最后保持不变的规律越明显。

（3）桩间距对两根非等长桩间位移相互作用系数的影响。

为了考察桩间距对两根非等长桩之间位移相互作用系数的影响，图 4.13 和 4.14 给出了土的泊松比 $\mu_s=0.3$，桩土弹性模量比 $E_p/E_s=9\,000$，短桩长细比 $L_2/d=5$ 大小保持不变，不同的桩间距 $s/d=2$、4、6，不同的水平荷载作用方向与两根桩中心连线的偏离角 $\beta=0°$、45°、90° 情况下两根非等长摩擦桩分别在水平力和弯矩单独作用下位移相互作用系数随不同长桩桩长 L_1/d 的变化情况。

从图 4.13 中可以看出，两根长短桩桩顶仅在水平力单独作用下，桩间距越小，随着长桩桩长的增大，长桩的位移相互作用系数 $\alpha_{\rho H12}^{pp}$ 增大趋势与短桩的位移相互作用系数 $\alpha_{\rho H21}^{pp}$ 减小趋势越明显。另外，这种变化趋势随着长桩桩长增加到 3 倍短桩桩长的时候，长短桩各自的位移相互作用系数大小不再发生变化。

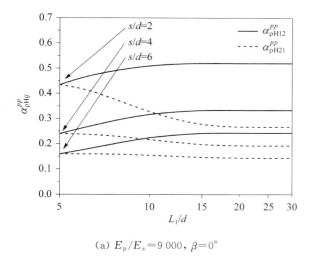

（a）$E_p/E_s=9\,000$，$\beta=0°$

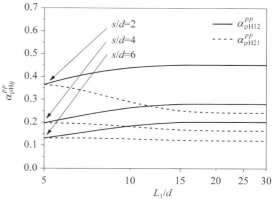

（b）$E_p/E_s=9\,000$，$\beta=45°$

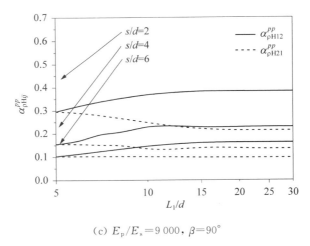

(c) $E_p/E_s = 9\,000$，$\beta = 90°$

图 4.13   仅受水平力作用下位移相互作用系数随长桩桩长变化的比较

图 4.14 给出了长短桩仅在弯矩单独作用下位移相互作用系数随长桩桩长的变化规律。与图 4.11 对比，发现相同的地方是桩间距对弯矩单独作用下的位移相互作用系数的影响与水平力单独作用下的影响规律相同。不同的地方主要有：弯矩单独作用下的位移相互作用

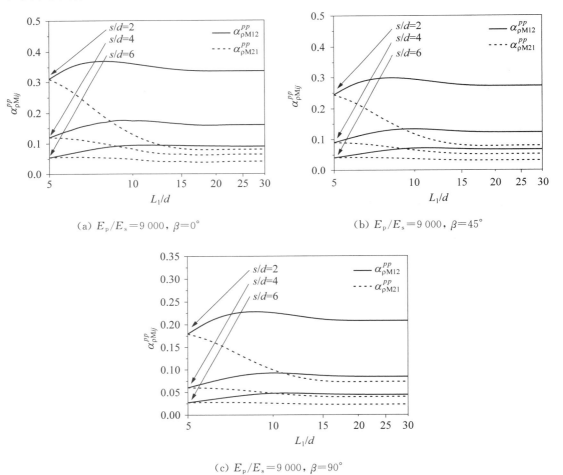

(a) $E_p/E_s = 9\,000$，$\beta = 0°$

(b) $E_p/E_s = 9\,000$，$\beta = 45°$

(c) $E_p/E_s = 9\,000$，$\beta = 90°$

图 4.14   仅受弯矩作用下位移相互作用系数随长桩桩长变化的比较

系数比水平力单独作用下的位移相互作用系数小;另外,随着长桩桩长的增长的一定数值后,长桩的位移相互作用系数由增大变为减小,并且桩心距越小,这种由增大变为减小最后到保持不变的规律越明显。

(4) 桩间距对两根非等长桩间转角相互作用系数的影响。

为了考察桩间距对两根非等长桩之间位转角互作用系数的影响,图 4.15 和图 4.16 给出了土的泊松比 $\mu_s = 0.3$,桩土弹性模量比 $E_p/E_s = 9\,000$,短桩长细比 $L_2/d = 5$ 大小保持不变,不同的桩间距 $s/d = 2$、4、6,不同的水平荷载作用方向与两根桩中心连线的偏离角 $\beta = 0°$、45°、90° 情况下两根非等长摩擦桩分别在水平力和弯矩单独作用下转角相互作用系数随不同长桩桩长 L_1/d 的变化情况。

从图 4.15 和图 4.16 中可以看出,两根长短桩仅在水平力单独作用下,或两根长短桩仅在弯矩单独作用下,桩间距越小,随着长桩桩长的增大,长桩的转角相互作用系数增大趋势与短桩的转角相互作用系数减小趋势越明显。如图 4.15a 所示,两长短桩仅在水平力单独作用下,当桩间距 $s/d = 2$,水平荷载作用方向与两根桩中心连线的偏离角 $\beta = 0°$,在长桩桩长是短桩长度 3 倍的时候,长桩的转角相互作用系数大小是短桩的转角相互作用系数的 5.74 倍。另外,这种变化趋势随着长桩桩长增加到 3 倍短桩桩长的时候,长短桩各自的位移相互作用系数大小不再发生变化。

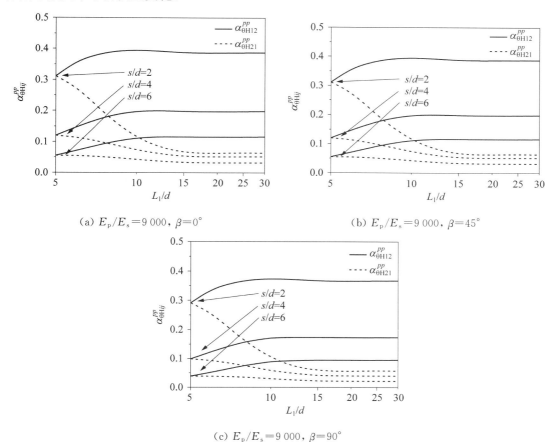

(a) $E_p/E_s = 9\,000$, $\beta = 0°$

(b) $E_p/E_s = 9\,000$, $\beta = 45°$

(c) $E_p/E_s = 9\,000$, $\beta = 90°$

图 4.15　仅受水平力作用下转角位移相互作用系数随长桩桩长变化的比较

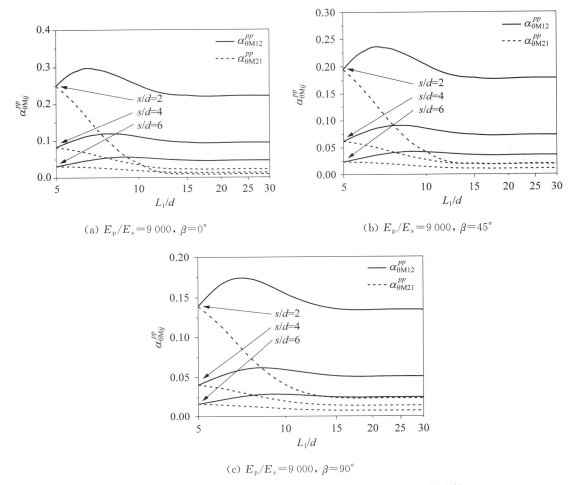

(a) $E_p/E_s=9\,000$，$\beta=0°$

(b) $E_p/E_s=9\,000$，$\beta=45°$

(c) $E_p/E_s=9\,000$，$\beta=90°$

图 4.16　仅受弯矩作用下转角相互作用系数随长桩桩长变化的比较

对于不同的偏离角，长短桩各自的转角相互作用系数随长桩桩长的变化规律基本相同，但随着水平荷载作用偏离角的增大，长短桩各自的转角相互作用系数都随着相应减小。

2. 短桩长度 $L_2/d=10$

(1) 桩身刚度对两根非等长桩间位移相互作用系数的影响。

为了进一步考察两根非等长桩之间相互作用系数的特性，图 4.17 和 4.18 给出了土的泊松比 $\mu_s=0.3$，短桩长细比 $L_2/d=10$ 大小保持不变，桩间距 $s/d=2$，不同的桩土弹性模量比 $E_p/E_s=1\,000$、$3\,000$、$5\,000$、$9\,000$，不同的水平荷载作用方向与两根桩中心连线的偏离角 $\beta=0°$、$45°$、$90°$ 情况下两根非等长摩擦桩分别在水平力和弯矩单独作用下相互作用系数随不同长桩桩长 L_1/d 的变化情况。

从图 4.17 中可以看出，两根长短桩仅在水平力单独作用下，短桩长度保持不变，随着长桩桩长的增大，长桩的位移相互作用系数 $\alpha_{\rho H12}^{pp}$ 与短桩的位移相互作用系数 $\alpha_{\rho H21}^{pp}$ 变化趋势不相同。长桩的位移相互作用系数随着长桩桩长的增大而增大；相反，短桩的位移相互作用系数随着长桩桩长的增大而减小，并且短桩位移相互作用系数的减小幅度明显大于长桩位移相互作用系数增长的幅度。以上规律与短桩长度 $L_2/d=5$ 时的变化规律相同。

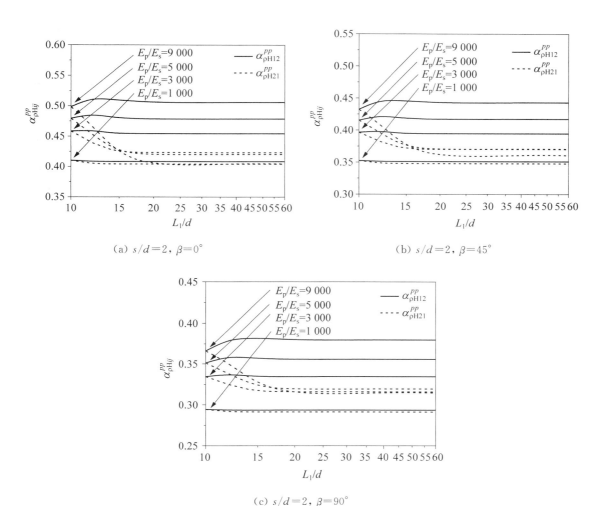

(a) $s/d=2$, $\beta=0°$　　　　(b) $s/d=2$, $\beta=45°$

(c) $s/d=2$, $\beta=90°$

图 4.17　仅受水平力作用下位移相互作用系数随长桩桩长变化的比较

桩土弹性模量比 E_p/E_s 对位移相互作用系数这种变化趋势有明显的影响,随着桩土弹性模量比 E_p/E_s 的增大,这种变化趋势的明显程度也在增加。对于相对刚度较大的桩,如桩土弹性模量比 $E_p/E_s=9\,000$,水平荷载作用方向与两根桩中心连线的偏离角 $\beta=0°$,在长桩桩长是短桩长度 4 倍的时候,长桩的位移相互作用系数大小是短桩的位移相互作用系数的 1.25 倍。另外,对于桩土弹性模量比 $E_p/E_s=9\,000$,当长桩桩长增大到短桩长度 2 倍以上的时候,短桩的位移相互作用系数大小基本保持不变;而当长桩桩长增大到短桩长度 1.2 倍以上的时候,长桩的位移相互作用系数大小就开始保持基本不变。

对于不同的偏离角,长短桩各自的位移相互作用系数随长桩桩长的变化规律基本相同,但随着水平荷载作用偏离角的增大,长短桩各自的位移相互作用系数都随着相应减小。

图 4.18 给出了长短桩仅在弯矩单独作用下位移相互作用系数随长桩桩长的变化规律。与图 4.15 对比,发现相同的地方是桩土刚度比对弯矩单独作用下短桩的位移相互作用系数的影响与水平力单独作用下的影响规律相同。不同的地方是桩土刚度比对短桩的位移相互

作用系数的影响：随着长桩桩长的增长到一定数值后，长桩的位移相互作用系数大小由保持不变变为减小；另外，弯矩单独作用下的位移相互作用系数比水平力单独作用下的位移相互作用系数要小。以上规律与短桩长度 $L_2/d = 5$ 时的变化规律相同。

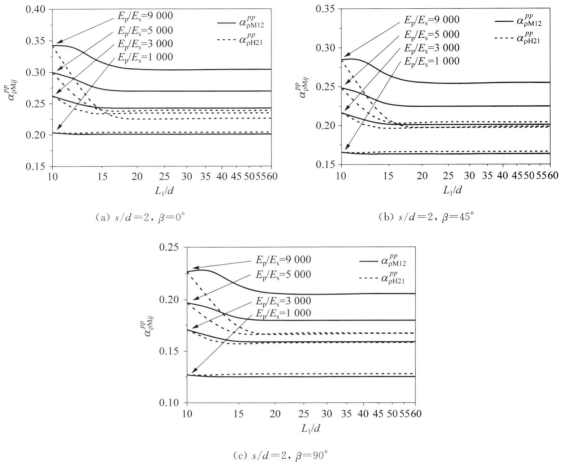

(a) $s/d = 2$, $\beta = 0°$　　　　　　　(b) $s/d = 2$, $\beta = 45°$

(c) $s/d = 2$, $\beta = 90°$

图 4.18　仅受弯矩作用下位移相互作用系数随长桩桩长变化的比较

（2）桩身刚度对两根非等长桩间转角相互作用系数的影响。

为了进一步考察两根非等长桩之间转角相互作用系数的特性，图 4.19 和 4.20 给出了土的泊松比 $\mu_s = 0.3$，短桩长细比 $L_2/d = 10$ 大小保持不变，桩间距 $s/d = 2$，不同的桩土弹性模量比 $E_p/E_s = 1\ 000$、$3\ 000$、$5\ 000$、$9\ 000$，不同的水平荷载作用方向与两根桩中心连线的偏离角 $\beta = 0°$、$45°$、$90°$ 情况下两根非等长摩擦桩分别在水平力和弯矩单独作用下相互作用系数随不同长桩桩长 L_1/d 的变化情况。

从图 4.19 中可以看出，两根长短桩仅在水平力单独作用下，短桩长度保持不变，随着长桩桩长的增大，长桩的转角相互作用系数 $\alpha_{\rho H12}^{pp}$ 与短桩的转角相互作用系数 $\alpha_{\rho H21}^{pp}$ 变化趋势不相同。长桩的转角相互作用系数随着长桩桩长的增大而小幅增大，当长桩增大到一定数值后，长桩的转角相互作用系数开始减小，到 2 倍桩长的时候不再变化（以上规律与短桩长度

$L_2/d = 5$ 时的变化规律不相同);相反,短桩的转角相互作用系数随着长桩桩长的增大而减小,并且短桩转角相互作用系数的减小幅度明显大于长桩转角相互作用系数增长的幅度,同样,当长桩桩长增加到 2 倍桩长的时候不再变化。桩土弹性模量比 E_p/E_s 对转角相互作用系数这种变化趋势有明显的影响,随着桩土弹性模量比越大,这种变化趋势的明显程度也越大。

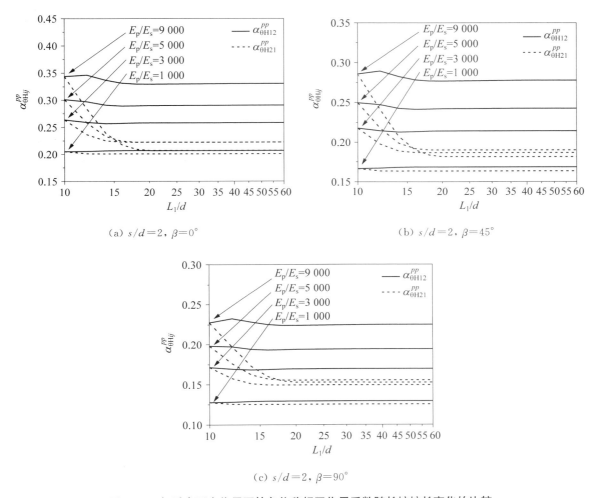

图 4.19　仅受水平力作用下转角位移相互作用系数随长桩桩长变化的比较

对于不同的偏离角,长短桩各自的转角相互作用系数随长桩桩长的变化规律基本相同,但随着水平荷载作用偏离角的增大,长短桩各自的转角相互作用系数都随着相应减小。以上规律与短桩长度 $L_2/d = 5$ 时的变化规律相同。

图 4.20 给出了长短桩仅在弯矩单独作用下转角相互作用系数随长桩桩长的变化规律。与图 4.17 对比,发现相同的地方是桩土刚度比对弯矩单独作用下短桩的转角相互作用系数的影响与水平力单独作用下的影响规律相同。不同的地方是桩土刚度比对短桩的转角相互作用系数的影响:随着长桩桩长的增长,与短桩转角相互作用系数的变化一样,长桩的转角变化系数也随之减小。

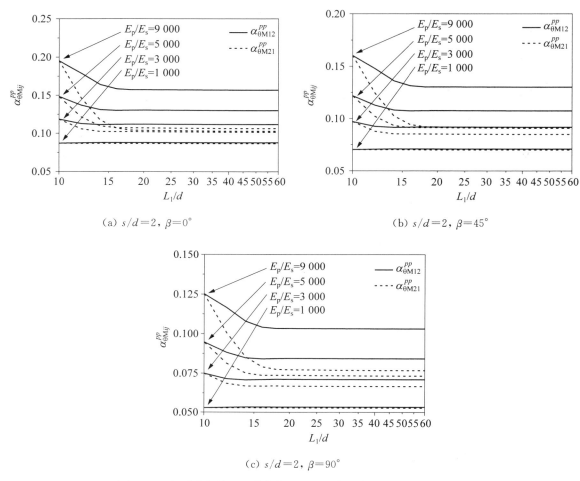

（a）$s/d=2$，$\beta=0°$

（b）$s/d=2$，$\beta=45°$

（c）$s/d=2$，$\beta=90°$

图 4.20　仅受弯矩作用下转角相互作用系数随长桩桩长变化的比较

（3）桩间距对两根非等长桩间位移相互作用系数的影响。

为了进一步考察桩间距对两根非等长桩之间位移相互作用系数的影响，图 4.21 和 4.22 给出了土的泊松比 $\mu_s=0.3$，桩土弹性模量比 $E_p/E_s=9\,000$，短桩长细比 $L_2/d=10$ 大小保持不变，不同的桩间距 $s/d=2$、4、6，不同的水平荷载作用方向与两根桩中心连线的偏离角 $\beta=0°$、45°、90° 情况下两根非等长摩擦桩分别在水平力和弯矩单独作用下位移相互作用系数随不同长桩桩长 L_1/d 的变化情况。

从图 4.21 中可以看出，两根长短桩仅在水平力单独作用下，桩间距越小，随着长桩桩长的增大，长桩的位移相互作用系数 α_{pH12}^{pp} 保持大小不变的趋势与短桩的位移相互作用系数 α_{pH21}^{pp} 减小趋势越明显。如当桩间距 $s/d=2$，在长桩桩长是短桩长度1.8倍的时候，短桩的位移相互作用系数不再随着长桩桩长的增加而变化。

对于不同的偏离角，长短桩各自的位移相互作用系数随长桩桩长的变化规律基本相同，但随着水平荷载作用偏离角的增大，长短桩各自的位移相互作用系数都随之相应减小。

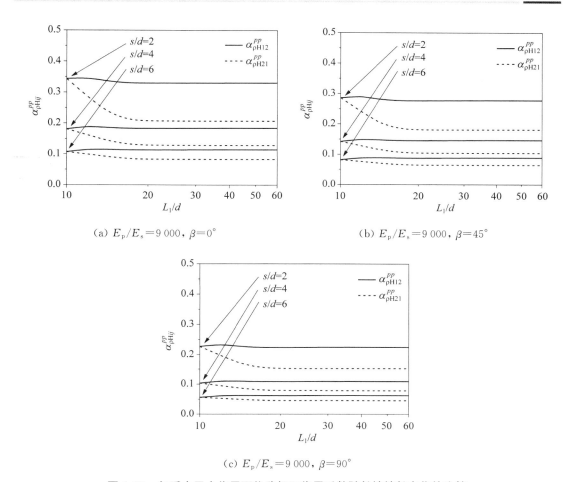

(a) $E_p/E_s = 9\,000$, $\beta = 0°$　　　　(b) $E_p/E_s = 9\,000$, $\beta = 45°$

(c) $E_p/E_s = 9\,000$, $\beta = 90°$

图 4.21　仅受水平力作用下位移相互作用系数随长桩桩长变化的比较

图 4.22 给出了长短桩仅在弯矩单独作用下位移相互作用系数随长桩桩长的变化规律。与图 4.21 对比,发现相同的地方是桩间距对弯矩单独作用下的短桩的位移相互作用系数的影响与水平力单独作用下的影响规律相同。不同的地方是桩间距对长桩的位移相互作用系数的影响:随着长桩桩长的增长,与短桩位移相互作用系数的变化一样,长桩的位移相互作用系数先减小最后保持不变。

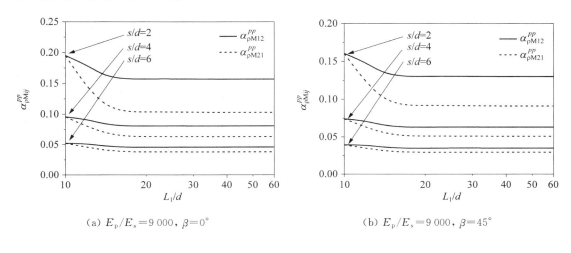

(a) $E_p/E_s = 9\,000$, $\beta = 0°$　　　　(b) $E_p/E_s = 9\,000$, $\beta = 45°$

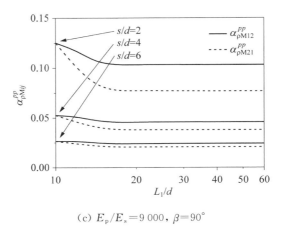

(c) $E_p/E_s = 9\,000$，$\beta = 90°$

图 4.22　仅受弯矩作用下位移相互作用系数随长桩桩长变化的比较

（4）桩间距对两根非等长桩间转角相互作用系数的影响。

为了进一步考察桩间距对两根非等长桩之间转角互作用系数的影响，图 4.23 和 4.24 给出了土的泊松比 $\mu_s = 0.3$，桩土弹性模量比 $E_p/E_s = 9\,000$，短桩长细比 $L_2/d = 10$ 大小保持不变，不同的桩间距 $s/d = 2$、4、6，不同的水平荷载作用方向与两根桩中心连线的偏离角 $\beta = 0°$、45°、90° 情况下两根非等长摩擦桩分别在水平力和弯矩单独作用下转角相互作用系数随不同长桩桩长 L_1/d 的变化情况。

从图 4.23 中可以看出，两根长短桩仅在水平力单独作用下，桩间距越小，随着长桩桩长的增大，长桩的转角相互作用系数 $\alpha_{\theta H12}^{pp}$ 由小幅减小到保持大小不变的趋势与短桩的位移相互作用系数 $\alpha_{\theta H21}^{pp}$ 减小趋势越明显。如当桩间距 $s/d = 2$，水平荷载作用方向与两根桩中心连线的偏离角 $\beta = 0°$，在长桩桩长是短桩长度 4 倍的时候，长桩的转角相互作用系数大小是短桩的转角相互作用系数的 1.6 倍。这种变化趋势随着长桩桩长增加到 1.8 倍短桩桩长的时候，长短桩各自的转角相互作用系数大小不再发生变化。

对于不同的偏离角，长短桩各自的转角相互作用系数随长桩桩长的变化规律基本相同，但随着水平荷载作用偏离角的增大，长短桩各自的转角相互作用系数都随之相应减小。

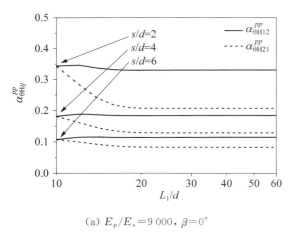

(a) $E_p/E_s = 9\,000$，$\beta = 0°$

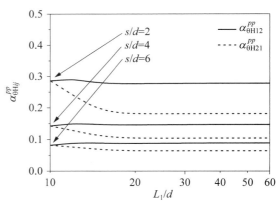

(b) $E_p/E_s = 9\,000$，$\beta = 45°$

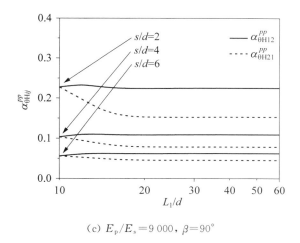

（c）$E_p/E_s = 9\,000$，$\beta = 90°$

图 4.23　仅受水平力作用下转角位移相互作用系数随长桩桩长变化的比较

图 4.24 给出了长短桩仅在弯矩单独作用下转角相互作用系数随长桩桩长的变化规律。与图 4.23 对比，发现相同的地方是桩间距对弯矩单独作用下的短桩的转角相互作用系数的

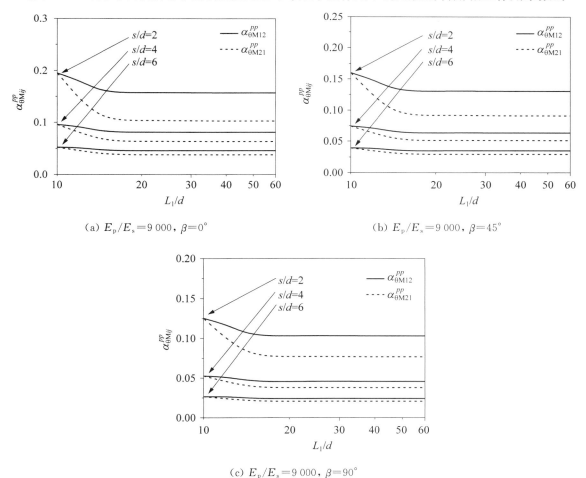

（a）$E_p/E_s = 9\,000$，$\beta = 0°$　　　　　　　　（b）$E_p/E_s = 9\,000$，$\beta = 45°$

（c）$E_p/E_s = 9\,000$，$\beta = 90°$

图 4.24　仅受弯矩作用下转角相互作用系数随长桩桩长变化的比较

影响与水平力单独作用下的影响规律相同。不同的地方是桩间距对长桩的转角相互作用系数的影响:随着长桩桩长的增长,与短桩位移相互作用系数的变化一样,长桩的转角相互作用系数也随之减小。并且桩心距越小,这种长短桩的转角相互作用系数都随着长桩的增长而减小的规律越明显。

3. 长短桩中 $\alpha_{\rho M}$ 和 $\alpha_{\theta H}$ 的关系

图 4.25 给出了土的泊松比 $\mu_s = 0.3$,短桩长细比 $L_2/d = 5$ 大小保持不变,桩间距 $s/d = 2$,不同的桩土弹性模量比 $E_p/E_s = 1\,000$、$9\,000$,不同的水平荷载作用方向与两根桩中心连线的偏离角 $\beta = 0°$、$45°$、$90°$ 情况下两根摩擦桩分别在水平力单独作用下的转角相互作用系数与弯矩单独作用下的位移相互作用系数关系。

从图 4.25 可以看出,随着长桩桩长的增加,对于不同的桩土弹性比和不同的荷载作用偏离角,两根摩擦桩在水平力单独作用下的转角相互作用系数与弯矩单独作用下的位移相互作用系数大小并不相等,这与等长桩得出的结论相反,这说明,互异性定理不再适用于非等长桩情况。

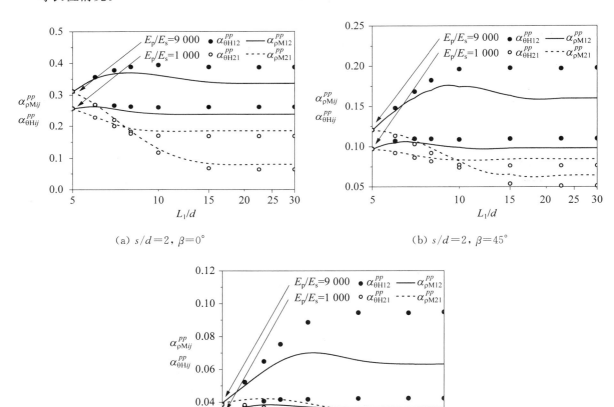

(a) $s/d=2$, $\beta=0°$

(b) $s/d=2$, $\beta=45°$

(c) $s/d=2$, $\beta=90°$

图 4.25 相互作用系数随长桩桩长变化的比较

4.5.2　桩顶固定

1. 短桩长度 $L_2/d = 5$

（1）桩身刚度对两根非等长桩间位移相互作用系数的影响。

为了考察两根桩顶固定时非等长桩之间相互作用系数的特性，图 4.26 给出了土的泊松比 $\mu_s = 0.3$，短桩长细比 $L_2/d = 5$ 大小保持不变，桩间距 $s/d = 2$，不同的桩土弹性模量比 $E_p/E_s = 100$、500、$1\,000$、$9\,000$，不同的水平荷载作用方向与两根桩中心连线的偏离角 $\beta = 0°$、$45°$、$90°$ 情况下两根非等长摩擦桩分别在水平力单独作用下和弯矩单独作用下相互作用系数随不同长桩桩长 L_1/d 的变化情况。

从图 4.26 中可以看出，两根长短桩仅在水平力单独作用下，短桩长度保持不变，随着长桩桩长的增大，长桩的位移相互作用系数 $\alpha_{\rho F12}^{pp}$ 与短桩的位移相互作用系数 $\alpha_{\rho F21}^{pp}$ 变化趋势不相同。长桩的位移相互作用系数随着长桩桩长的增大先增大再保持不变；相反，短桩的位移相互作用系数随着长桩桩长的增大先减小再保持不变。

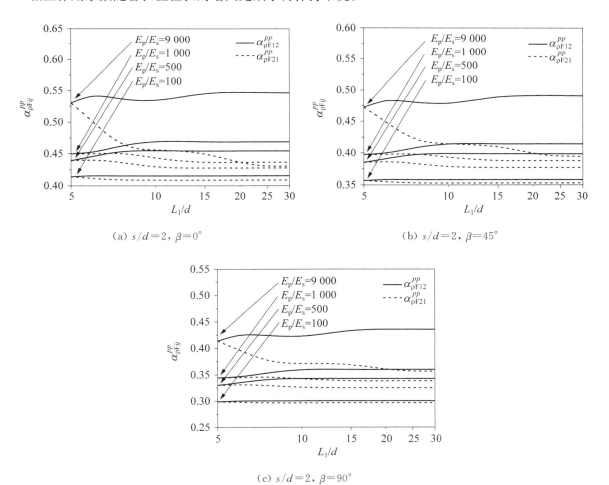

(a) $s/d = 2$, $\beta = 0°$　　　　　(b) $s/d = 2$, $\beta = 45°$

(c) $s/d = 2$, $\beta = 90°$

图 4.26　仅受水平力作用下位移相互作用系数随长桩桩长变化的比较

桩土弹性模量比 E_p/E_s 对位移相互作用系数这种变化趋势有明显影响,随着桩土弹性模量比 E_p/E_s 的增大,这种变化趋势的明显程度也在增加。当桩土弹性模量比 $E_p/E_s = 100$,长短桩的位移相互作用系数基本相等,且大小不受长桩的桩长变化的影响。相反,对于相对刚度较大的桩,如桩土弹性模量比 $E_p/E_s = 9\,000$,水平荷载作用方向与两根桩中心连线的偏离角 $\beta = 0°$,在长桩桩长是短桩长度 3 倍的时候,长桩的位移相互作用系数大小是短桩的位移相互作用系数的 1.21 倍。另外,对于桩土弹性模量比 $E_p/E_s = 9\,000$,当长桩桩长增大到短桩长度 3 倍以上的时候,长短桩的位移相互作用系数大小基本保持不变。

对于不同的偏离角,长短桩各自的位移相互作用系数随长桩桩长的变化规律基本相同,但随着水平荷载作用偏离角的增大,长短桩各自的位移相互作用系数都随之相应减小。

（2）桩间距对两根非等长桩间位移相互作用系数的影响。

为了考察桩间距对两根非等长桩之间位移相互作用系数的影响,图 4.27 给出了土的泊松比 $\mu_s = 0.3$,桩土弹性模量比 $E_p/E_s = 9\,000$,短桩长细比 $L_2/d = 5$ 大小保持不变,不同的桩间距 $s/d = 2、4、6$,不同的水平荷载作用方向与两根桩中心连线的偏离角 $\beta = 0°、45°、90°$ 情况下两根非等长摩擦桩分别在水平力单独作用下和弯矩单独作用下位移相互作用系数随不同长桩桩长 L_1/d 的变化情况。

从图 4.27 中可以看出,两根长短桩仅在水平力单独作用下,桩间距越小,随着长桩桩长的增大,长桩的位移相互作用系数 α_{pH12}^{pp} 增大趋势与短桩的位移相互作用系数 α_{pH21}^{pp} 减小趋势越明显。另外,这种变化趋势随着长桩桩长增加到 3 倍短桩桩长的时候,长短桩各自的位移相互作用系数大小不再发生变化。

对于不同的偏离角,长短桩各自的位移相互作用系数随长桩桩长的变化规律基本相同,但随着水平荷载作用偏离角的增大,长短桩各自的位移相互作用系数都随着相应减小。

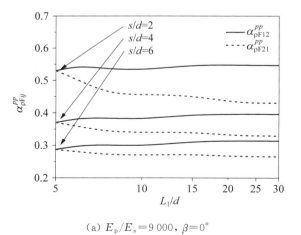
(a) $E_p/E_s = 9\,000$, $\beta = 0°$

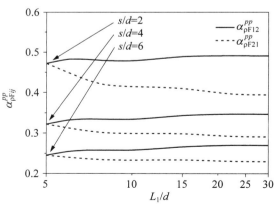
(b) $E_p/E_s = 9\,000$, $\beta = 45°$

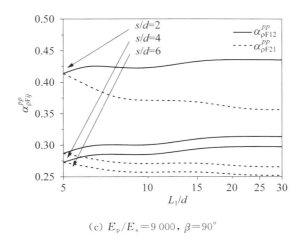

(c) $E_p/E_s = 9\,000$，$\beta = 90°$

图 4.27　仅受水平力作用下位移相互作用系数随长桩桩长变化的比较

2. 短桩长度 $L_2/d = 10$

（1）桩身刚度对两根非等长桩间位移相互作用系数的影响。

为了考察两根非等长桩之间相互作用系数的特性，图 4.28 给出了土的泊松比 $\mu_s = 0.3$，短桩长细比 $L_2/d = 10$ 大小保持不变，桩间距 $s/d = 2$，不同的桩土弹性模量比 $E_p/E_s = 100$、500、1 000、9 000，不同的水平荷载作用方向与两根桩中心连线的偏离角 $\beta = 0°$、45°、90° 情况下两根非等长摩擦桩分别在水平力单独作用下和弯矩单独作用下相互作用系数随不同长桩桩长 L_1/d 的变化情况。

从图 4.28 中可以看出，两根长短桩仅在水平力单独作用下，短桩长度保持不变，随着长桩桩长的增大，长桩的位移相互作用系数 α_{pH12}^{pp} 与短桩的位移相互作用系数 α_{pH21}^{pp} 变化趋势不相同。长桩的位移相互作用系数随着长桩桩长的增大而增大；相反，短桩的位移相互作用系数随着长桩桩长的增大而减小。

桩土弹性模量比 E_p/E_s 对位移相互作用系数这种变化趋势有明显的影响，随着桩土弹性模量比 E_p/E_s 的增大，这种变化趋势的明显程度也在增加。当桩土弹性模量比 $E_p/E_s = 100$，长短桩的位移相互作用系数基本相等，且大小不受长桩的桩长变化的影响。相反，对于相对刚度较大的桩，如桩土弹性模量比 $E_p/E_s = 9\,000$，水平荷载作用方向与两根桩中心连线的偏离角 $\beta = 0°$，在长桩桩长是短桩长度 2 倍的时候，长桩的位移相互作用系数大小是短桩的位移相互作用系数的 1.8 倍（比短桩长度 $L_2/d = 5$ 时长短桩位移相互作用系数差别更大）。另外，对于桩土弹性模量比 $E_p/E_s = 9\,000$，当长桩桩长增大到短桩长度 3 倍以上的时候，长短桩的位移相互作用系数大小基本保持不变（这个趋势比短桩长度 $L_2/d = 5$ 时更加明显）。

对于不同的偏离角，长短桩各自的位移相互作用系数随长桩桩长的变化规律基本相同，但随着水平荷载作用偏离角的增大，长短桩各自的位移相互作用系数都随着相应减小。

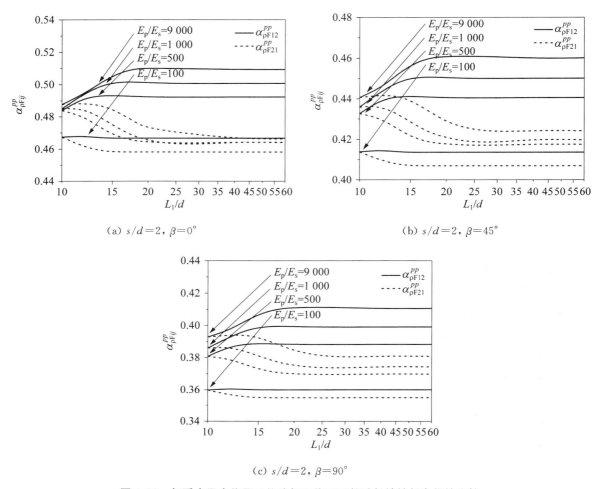

(a) $s/d=2$，$\beta=0°$

(b) $s/d=2$，$\beta=45°$

(c) $s/d=2$，$\beta=90°$

图 4.28 仅受水平力作用下位移相互作用系数随长桩桩长变化的比较

（2）桩间距对两根非等长桩间位移相互作用系数的影响。

为了考察桩间距对两根非等长桩之间位移相互作用系数的影响，图 4.29 给出了土的泊松比 $\mu_s=0.3$，桩土弹性模量比 $E_p/E_s=9\,000$，短桩长细比 $L_2/d=10$ 大小保持不变，不同的桩间距 $s/d=2$、4、6，不同的水平荷载作用方向与两根桩中心连线的偏离角 $\beta=0°$、$45°$、$90°$ 情况下两根非等长摩擦桩分别在水平力单独作用下和弯矩单独作用下位移相互作用系数随不同长桩桩长 L_1/d 的变化情况。

从图 4.29 中可以看出，两根长短桩仅在水平力单独作用下，桩间距越小，随着长桩桩长的增大，长桩的位移相互作用系数 $\alpha_{\rho H12}^{pp}$ 增大趋势与短桩的位移相互作用系数 $\alpha_{\rho H21}^{pp}$ 减小趋势越明显。另外，这种变化趋势随着长桩桩长增加到 3 倍短桩桩长的时候，长短桩各自的位移相互作用系数大小不再发生变化。

对于不同的偏离角，长短桩各自的位移相互作用系数随长桩桩长的变化规律基本相同，但随着水平荷载作用偏离角的增大，长短桩各自的位移相互作用系数都随着相应减小。

以上变化规律与短桩长度 $L_2/d=5$ 时的相同。

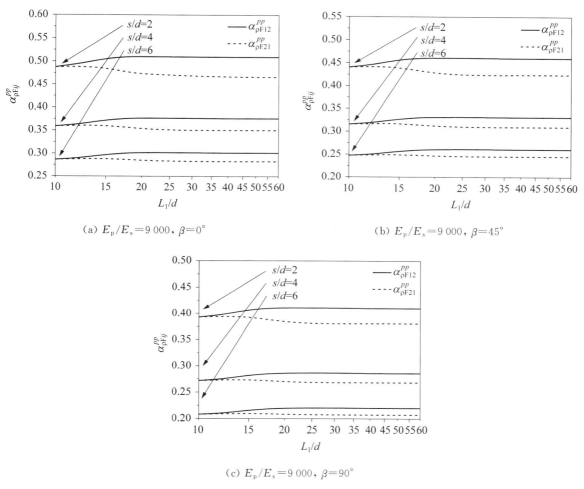

(a) $E_p/E_s = 9\,000$, $\beta = 0°$

(b) $E_p/E_s = 9\,000$, $\beta = 45°$

(c) $E_p/E_s = 9\,000$, $\beta = 90°$

图 4.29　仅受水平力作用下位移相互作用系数随长桩桩长变化的比较

4.6　本章小结

　　本书建立了求解均质地基中非等长桩位移相互作用系数的第二类 Fredholm 积分方程，通过与等长桩计算结果以及有限元的不等长桩计算结果比较，验证了本书计算方法和程序编写的正确性。本书对影响长短桩位移相互作用系数和转角相互作用系数的桩土弹性模量比、桩间距以及不同的水平荷载作用方向与两根桩中心连线的偏离角等参数进行了系统研究，得出了一些有益的结论，可为工程设计提供参考。

　　此外，本书两根桩之间的相互作用系数的计算方法可以推广到多根桩的混合桩型群桩计算问题中，其具体方法将在下文中详细介绍。

第 5 章

高承台混合桩型群桩基础的位移
相互作用系数解法研究

5.1 引言

桩基础广泛被用来承担由风、地震［Kumar 等（2016）］、邻近的岩土工程建筑引起的水平荷载，包括喷射灌浆桩的施工［Shen 等（2013b），Wang 等（2013b）］、深基坑开挖［Wu 等（2016,2017）］、隧道施工［Lueprasert 等（2017），Shen 等（2014,2016），Wu 等（2018）］。水平荷载作用下桩基础的研究方法可以分为两大类：群桩直接分析法和基于叠加原理的相互作用系数法。

目前已经有很多学者采用理论或半理论方法来研究水平荷载作用下的桩基础。如 Leung 等（1987）用半理论方法分析水平荷载作用下的群桩，即用地基反力法计算群桩中的单桩与桩周土的相互作用，用 Mindlin 解来计算群桩中桩与桩间的相互作用。Chow（1987）采用基于弹性解的理论与数值混合法分析水平荷载与竖向荷载共同作用下的群桩。Shen 等（2017）和 Wang 等（2018）采用刚度法分析荷载与水平变形间的关系，其中的影响系数采用有限单元法计算。Zhang 等（2000a）也采用混合法分析水平荷载作用下桩基础的工程性状，分别用有限单元法和有限层法分析桩和层状地基土。

近些年，大量的学者［Comodromos 等（2013），Mostafa 等（2004），Tahghighi 等（2007），Won 等（2006），Salgado（2008）］采用 p - y 曲线法研究水平荷载作用下群桩的工程性状。在地基反力法中桩周土体的反力采用不连续的弹簧来模拟，但这与地基土的连续性相矛盾。另外，通过足尺群桩实验来得到地基反力 p 与水平荷载作用下群桩的水平变形之间的关系，在经济上和时间上的耗费也是巨大的［Brown 等（1987），Kim 等（1976）］。

除了上面介绍的理论解和半理论解以外，许多学者采用数值解来研究水平荷载作用下群桩的受力性能，如有限单元法［Albusoda 等（2018），Fan 等（2005），Georgiadis 等（2013），Kim 等（2011），Randolph（1981），Trochanis 等（1991）］和有限差分法［Elahi 等（2010），Huang 等（2009），Martin 等（2005）］。有限元方法和有限差分方法虽然数值方法更强大，受限制更少，但仍然主要作为研究工具，因为其大量的建模和计算很难用于岩土工程实践。理论或半理论方法更受工程师的青睐，因为它们可以直接用于设计。

　　为了向工程师提供一种能够快速且直接计算水平荷载作用下群桩的工程性状的理论计算方法,Poulos(1971b)基于叠加原理和水平位移相互作用系数法,提出了一种简单有效的弹性理论分析方法。该水平位移相互作用系数与竖直位移相互作用系数相同[Poulos(1968)]。随后,Randolph(1981)采用相互作用系数法的一种新的表达方法对桩顶自由时和桩顶固定时两种情况的柔性桩进行了计算。ElSharnouby 等(1985)通过相互作用系数和柔度系数来计算群桩的柔度和刚度,避免了通过大型计算机程序来直接分析整个群桩。

　　以上对位移相互作用系数的计算由于没有考虑桩的"加筋效应"而使计算结果偏大。Chen 等(2008)采用由 Muki 等(1970)提出的虚拟桩来计算桩顶在受到水平荷载或弯矩荷载单独作用下桩顶自由时桩—桩的位移相互作用系数。采用虚拟桩模型来计算桩土相互作用由于能够考虑桩土分离以后的孔洞,因此在理论上更加严密。在本章中,基于叠加原理,利用上章采用虚拟桩方法得到的等长桩和非等长桩相互作用系数,分别计算等长桩和非等长桩高承台群桩基础。通过与现有计算结果和有限单元法的计算结果比较来验证本书理论计算结果的正确性。分别对桩顶自由时和桩顶固定时的等长桩群桩和非等长桩混合桩型群桩的桩顶水平荷载分布、群桩效率系数和群桩折减系数,进行了桩长细比、桩土弹性模量比和桩间距参数分析,为水平荷载作用下桩基础的工程实践提供了参考。

5.2　等长桩群桩解法建立

5.2.1　桩顶自由

　　对于承受水平荷载和(或)力矩的两根桩的分析,可以引申到任意数目的群桩分析。群桩中其他每根桩引起的附加位移和转角,几乎等于其他每根桩依次引起位移增量的总和转角增量总和,即桩—桩之间的位移相互作用系数和转角相互作用系数是可以叠加的。叠加原理不仅适用于对称群桩,它也可以适用于一般群桩。

　　因此,对水平荷载作用下的桩顶自由群桩,每根桩上作用相等(或已知)的水平荷载,任意第 k 根桩桩顶的水平位移 $u_{Hi}(0)$ 按弹性理论[Poulos(1971b)]的叠加原理可得出下式

$$u_{Hi}(0) = u_H^p(0)\left\{\sum_{\substack{j=1 \\ j \neq i}}^{n}\left[V_j(0)\alpha_{pHij}^{pp}\right] + V_i(0)\right\} \quad (i=1,2,\cdots,n) \quad (5.1)$$

式中,$V_j(0)$、$V_i(0)$ 分别为作用在桩顶自由群桩中第 j 根桩和第 i 根桩的桩顶水平荷载,$u_H^p(0)$ 为单桩桩顶作用单位水平荷载时桩顶的位移,α_{pHij}^{pp} 为桩 i 与桩 j 之间的位移相互作用系数,两桩桩心间距为 s,两桩中心线与荷载作用方向线夹角为 β。

　　在式(5.1)中,对于 n 根桩顶自由并且具有相同尺寸、相同几何形状的桩组成的刚性承台群桩,其中每根桩的位移相等,并且等于刚性承台的位移,即

$$u_G = u_{Hi}(0) \quad (i,=1,2,\cdots,n) \quad (5.2)$$

这种情况符合桩与刚性承台铰接的情况。

如果刚性承台群桩作用的总水平荷载为 V_g，如图 5.1 所示，由平衡条件，各桩桩顶分担荷载 $V_j(0)$ 之和应等于承台上作用的总荷载

$$V_g = \sum_{j=1}^{n} V_j(0) \tag{5.3}$$

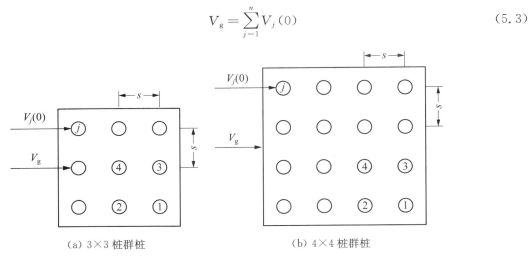

(a) 3×3 桩群桩   (b) 4×4 桩群桩

图 5.1 群桩中桩的编号

式(5.2)代入式(5.1)中，由式(5.1)和式(5.3)构成的方程组有 $n+1$ 个方程，其中，两根桩之间的位移相互作用系数 α_{pHij}^{pp} 以及单桩的水平位移 $u_H^p(0)$ 都是已知数，方程组中有 $n+1$ 个未知数，分别为待求的承台位移和 n 根桩桩顶水平荷载，可以直接求解。

以上的分析也可以应用在桩顶自由时桩顶作用力矩的情况，式(5.1)变为

$$u_{Mi}(0) = u_M^p(0) \left\{ \sum_{\substack{j=1 \\ j \neq i}}^{n} \left[M_j(0) \alpha_{pMij}^{pp} \right] + M_i(0) \right\} \quad (i=1, 2, \cdots, n) \tag{5.4}$$

式中，$M_j(0)$、$M_i(0)$ 分别为作用在桩顶自由群桩中第 j 根桩顶和第 k 根桩桩顶上的弯矩，$u_M^p(0)$ 为单桩桩顶作用单位水平荷载时桩顶的位移，α_{pMij}^{pp} 为桩 i 与桩 j 之间的位移相互作用系数。

在式(5.4)中，对于 n 根桩顶自由并且具有相同尺寸、相同几何形状的桩组成的刚性承台群桩，其中每根桩的位移相等，并且等于性承台的位移，即

$$u_G = u_{Mki} \quad (i=1, 2, \cdots, n) \tag{5.5}$$

这种情况符合桩与刚性承台铰接的情况。

如果刚性承台群桩作用的总水平荷载为 M_g，由平衡条件，各桩桩顶分担荷载 $M_j(0)$ 之和应等于承台上作用的总荷载

$$M_g = \sum_{j=1}^{n} M_j(0) \tag{5.6}$$

5.2.2　桩顶固定

与桩顶自由桩的分析类似,对于承受水平荷载的桩顶固定群桩,每根桩上作用相等(或已知)的水平荷载,任意第 k 根桩桩顶的水平位移按弹性理论[Poulos(1971b)]的叠加原理可得出下式

$$u_{\mathrm{HF}i}(0)=u_{\mathrm{HF}}^{p}(0)\Big\{\sum_{\substack{j=1\\j\neq i}}^{n}\big[V_{j}(0)\alpha_{\rho F ij}^{pp}\big]+V_{i}(0)\Big\}\quad(i=1,2,\cdots,n)\qquad(5.7)$$

式中,$V_{j}(0)$、$V_{i}(0)$ 分别为作用在桩顶固定群桩中第 j 根桩和第 i 根桩的桩顶水平荷载,$u_{\mathrm{HF}}^{p}(0)$ 为桩顶固定时单桩桩顶作用单位水平荷载时桩顶的位移,$\alpha_{\rho F ij}^{pp}$ 为桩 i 与桩 j 之间的位移相互作用系数。

在式(5.7)中,对于 n 根桩顶自由并且具有相同尺寸、相同几何形状的桩组成的刚性承台群桩,其中每根桩的位移相等,并且等于刚性承台的位移,即

$$u_{\mathrm{G}}=u_{\mathrm{HF}i}(0)\quad(i=1,2,\cdots,n)\qquad(5.8)$$

这种情况符合桩与刚性承台铰接的情况。

如果刚性承台群桩作用的总水平荷载为 $V(0)$,如图 5.1 所示,由平衡条件,各桩桩顶分担荷载 $V_{j}(0)$ 之和应等于承台上作用的总荷载

$$V_{g}=\sum_{j=1}^{n}V_{j}(0)\qquad(5.9)$$

式(5.8)代入式(5.7)中,由式(5.7)和式(5.9)构成的方程组有 $n+1$ 个方程,其中,两根桩之间的位移相互作用系数 $\alpha_{\rho F ij}^{pp}$ 以及单桩的水平位移 $u_{\mathrm{HF}}^{p}(0)$ 都是已知数,方程组中有 $n+1$ 个未知数,分别为待求的承台位移和 n 根桩桩顶水平荷载,可以直接求解。

5.3　不等长桩群桩解法建立

与等长桩群桩解法类似,不等长群桩也分为桩顶自由和桩顶固定两种情况,对于桩顶作用水平荷载的桩顶自由不等长桩群桩,式(5.1)中的 $u_{\mathrm{H}}^{p}(0)$ 换为 $u_{\mathrm{H}i}^{p}(0)$,其中 $u_{\mathrm{H}i}^{p}(0)$ 为第 i 根桩桩顶固定时桩顶作用单位水平荷载时桩顶的位移。

$$u_{\mathrm{H}i}(0)=u_{\mathrm{H}i}^{p}(0)\Big\{\sum_{\substack{j=1\\j\neq i}}^{n}\big[V_{j}(0)\alpha_{\rho H ij}^{pp}\big]+V_{i}(0)\Big\}\quad(i=1,2,\cdots,n)\qquad(5.10)$$

其他解法与等长桩桩顶自由时的群桩解法类似。

同理,对于桩顶作用弯矩的桩顶自由不等长桩群桩情况,式(5.10)中的 $u_{\mathrm{H}i}^{p}(0)$、$\alpha_{\rho H ij}^{pp}$ 分别换为 $u_{\mathrm{M}i}^{p}(0)$、$\alpha_{\rho M ij}^{pp}$,其中 $u_{\mathrm{M}i}^{p}(0)$ 为第 i 根桩桩顶固定时桩顶作用单位弯矩时桩顶的位移。对于桩顶固定时不等长桩情况,式(5.10)中的 $u_{\mathrm{H}i}^{p}(0)$、$\alpha_{\rho H ij}^{pp}$ 分别换为 $u_{\mathrm{F}i}^{p}(0)$、$\alpha_{\rho F ij}^{pp}$,$u_{\mathrm{F}i}^{p}(0)$ 为第 i 根桩桩顶固定时桩顶作用单位水平力时桩顶的位移。

5.4 算例验证

5.4.1 群桩桩顶荷载分布

1. 等长桩

(1) 等长桩群桩情况下与 Poulos(1971)解答的对比。

为了验证本书在考虑水平荷载作用下桩的存在对地基土变形带来影响的有效性,即克服现有方法忽略群桩"加筋效应"的可行性,将本书方法与 Poulos(1971)解答进行了比较。土的泊松比 $\mu_s = 0.5$,不同的桩长细比 $L/d = 10$、25 和 100,不同的桩身刚度系数 $K_R = 10^{-5}$ 和 10^{-1}。3×3 桩和 4×4 桩桩顶固定对称群桩中各根桩的编号见图 5.1。其中,群桩中各桩桩顶的荷载 $V_j(0)$ 与每根桩的平均荷载 V_{av}($V_{av} = V_g/n$)之比值 V_j/V_{av} 表示每根桩桩顶荷载分担的不均匀性。

从图 5.2 可以看出:对于不同桩数、不同桩长细比和不同桩身刚度系数的群桩,随桩

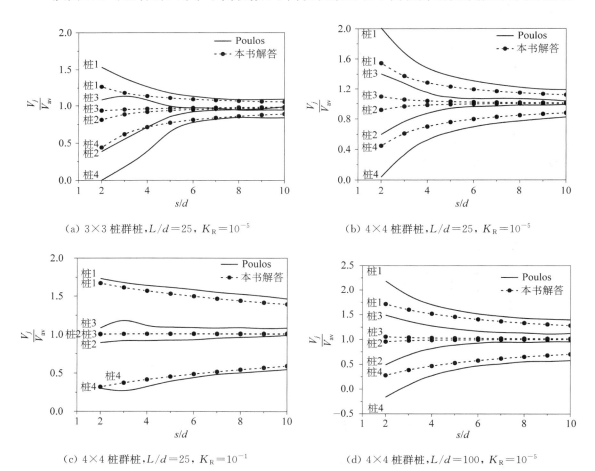

(a) 3×3 桩群桩,$L/d = 25$,$K_R = 10^{-5}$

(b) 4×4 桩群桩,$L/d = 25$,$K_R = 10^{-5}$

(c) 4×4 桩群桩,$L/d = 25$,$K_R = 10^{-1}$

(d) 4×4 桩群桩,$L/d = 100$,$K_R = 10^{-5}$

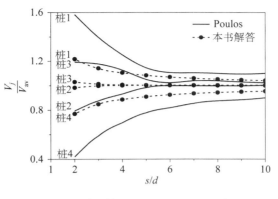

(e)4×4 桩群桩，$L/d=10$，$K_R=10^{-5}$

图 5.2　桩顶固定的群桩桩顶水平荷载分担对比

心间距的增加，两种求解方法的群桩中各桩桩顶水平荷载分担的变化规律基本一致。但不论是对于刚性桩群桩还是柔性桩群桩，对于群桩中各桩桩顶水平荷载分担的不均匀性，本书计算结果都比 Poulos(1971)解答计算结果减小了，这是由于本书的求解方法可以考虑群桩在土中的"加筋效应"，从而恰当地考虑了桩—桩之间的相互作用。

（2）等长桩群桩情况下与 Poulos(1971)和 Leung 等(1987)解答的对比。

为了进一步验证本书的正确性，将本书虚拟桩方法与 Poulos(1971)的弹性理论解和 Leung 等(1987)的 p-y 曲线法解答进行了比较。土的泊松比 $\mu_s=0.5$，不同的桩长细比 $L/d=10$、100，桩身刚度系数 $K_R=10^{-5}$。

从图 5.3 可以看出，对于 4×4 桩桩顶固定对称群桩，对于不同的桩长细比，群桩中各桩桩顶水平荷载分担的不均匀性，本书解答与 Leung 等(1987)的解答更加接近。

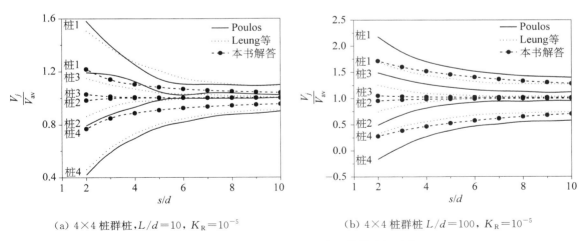

(a) 4×4 桩群桩，$L/d=10$，$K_R=10^{-5}$　　　　　(b) 4×4 桩群桩 $L/d=100$，$K_R=10^{-5}$

图 5.3　桩顶固定的群桩桩顶水平荷载分担对比

（3）等长桩群桩情况下与 Poulos(1971)和 El Sharnouby 等(1985)等解答的对比。

为了进一步验证本书的正确性，将本书虚拟桩方法与 Poulos(1971)的弹性理论解、El

Sharnouby 等(1985)的刚度法和 Zhang 等(2000a)的有限元解答进行了比较。Zhang 等 (2000a)取土的泊松比 $\mu_s = 0.499$；其他解法中，土的泊松比均为 $\mu_s = 0.5$，桩长细比 $L/d = 25$，桩身刚度系数 $K_R = 10^{-5}$。

从图 5.4 可以看出，对于 4×4 桩桩顶固定对称群桩，群桩中各桩桩顶水平荷载分担的不均匀性，本书解答与 Zhang 等(2000a)的解答更加一致。

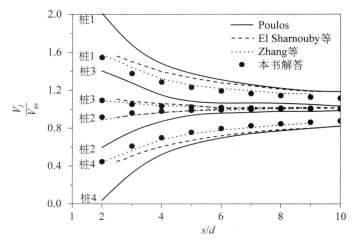

图 5.4　桩顶固定的群桩桩顶水平荷载分担对比，$L/d = 25$，$K_R = 10^{-5}$

（4）等长桩群桩情况下与 Poulos(1971)和 Shen 等(2002)等解答的对比。

将本书虚拟桩方法得到的 4×4 桩桩顶固定对称群桩中各桩桩顶水平荷载分担随不同桩间距的变化，与 Poulos(1971)的弹性理论解、Shen 等(2002)的变分法和 Zhang 等(2000a)的有限元解答进行了比较。Zhang 等(2000a)取土的泊松比 $\mu_s = 0.499$。其他解法中，土的泊松比均为 $\mu_s = 0.5$，桩长细比 $L/d = 25$，桩身刚度系数 $K_R = 10^{-5}$。

从图 5.5 可以看出，群桩中各桩桩顶水平荷载分担的不均匀性，本书解答与 Shen 等 (2002)和 Zhang 等(2000a)的解答更加一致。显然，Poulos(1971)的弹性理论解过高估计了桩顶固定对称群桩中各桩桩顶水平荷载的不均匀性。

（5）等长桩群桩情况下与 Poulos(1971)和 Salgado 等(2014)等解答的对比。

将本书虚拟桩方法得到的 4×4 桩桩顶固定对称群桩中各桩桩顶水平荷载分担随不同桩间距的变化，与 Poulos(1971)的弹性理论解、Shen 等(2002)的变分法、Zhang 等 (2000a)的有限元解和 Salgado 等(2014)的半解析解以及有限元解答进行了比较。Zhang 等(2000a)取土的泊松比 $\mu_s = 0.499$；Salgado 等(2014)的半解析解以及有限元解答取土的泊松比 $\mu_s = 0.49$；其他解法中土的泊松比均 $\mu_s = 0.5$，桩长细比 $L/d = 25$，桩身刚度系数 $K_R = 10^{-5}$。

从图 5.5 可以看出，群桩中各桩桩顶水平荷载分担的不均匀性，本书解答与 Shen 等 (2002)、Zhang 等(2000a)和 Salgado 等(2014)的有限元解答更加一致。

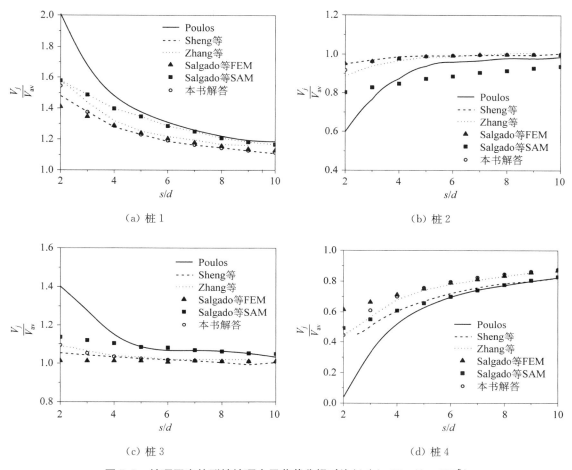

（a）桩 1　　　　　　　　　　　　（b）桩 2

（c）桩 3　　　　　　　　　　　　（d）桩 4

图 5.5　桩顶固定的群桩桩顶水平荷载分担对比（$L/d=25$，$K_R=10^{-5}$）

从以上的比较分析中可以看出，本书的虚拟桩解法与有限元解答较为一致，从而验证了本书计算桩顶固定群桩中各桩荷载分担的正确性。

2. 非等长桩情况

（1）非等长桩群桩解法等长情况下与等长桩群桩解法的对比。

为了验证本书非等长桩群桩计算结果的正确性，首先与等长桩解法进行比较。即长桩和短桩的桩长细比都为 $L/d=50$，土的泊松比均为 $\mu_s=0.3$，桩土弹性模量比 $E_p/E_s=1\,000$。从图 5.6 可以看出两种解法完全一致。

（2）非等长桩群桩解法等长情况下与 Poulos(1971)等解答的对比。

为了进一步验证本书的正确性，将本书非等长桩虚拟桩解法在等长桩情况下

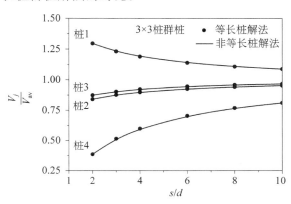

图 5.6　桩顶固定的非等长桩群桩桩顶水平荷载分担对比

进一步与 Poulos(1971)的弹性理论解、梁发云等(2012)的虚拟桩解法和 Zhang 等(2000a)的有限元解答进行了比较。Zhang 等(2000a)取土的泊松比 $\mu_s=0.499$;其他解法中,土的泊松比均为 $\mu_s=0.5$,桩长细比 $L/d=25$,桩身刚度系数 $K_R=10^{-5}$。

从图 5.7 可以看出,对于 4×4 桩桩顶固定对称群桩,群桩中各桩桩顶水平荷载分担的不均匀性,本书解答与 Zhang 等(2000a)的解答更加一致。

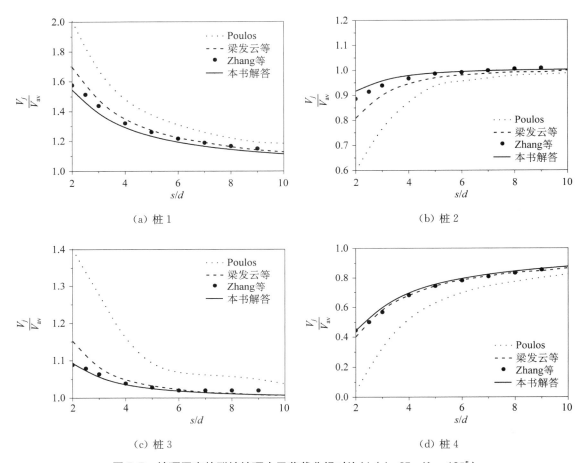

图 5.7 桩顶固定的群桩桩顶水平荷载分担对比($L/d=25$, $K_R=10^{-5}$)

(3) 非等长桩群桩情况下与有限元计算结果的对比。

为了验证本书非等长桩群桩计算结果的正确性,将本书虚拟桩方法与有限元解答进行了比较。土的泊松比 $\mu_s=0.3$,桩的泊松比 $\mu_s=0.2$。如图 5.1 所示的 3×3 群桩编号,桩1 为短桩,桩长细比 $L_1/d=10$,桩2、3 和 4 为长桩,桩长细比 $L_2/d=L_3/d=L_4/d=20$,桩土弹性模量比 $E_p/E_s=500$。

三维有限元模型如图 5.8 所示,为了避免边界对计算结果的影响,经过试算确定三维有限元模型侧边距离群桩边桩中心的距离为 $20d$,底边距离桩桩底距离为 $20d$,边界距离的选择与 Cote 等(2015)的一致。模型底面的节点水平位移和竖直位移都固定,模型 4 个侧面的节点仅固定与侧面垂直方向的位移。

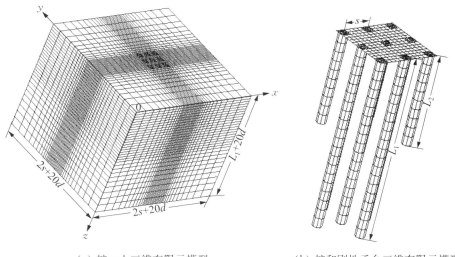

（a）桩—土三维有限元模型　　　　　　（b）桩和刚性承台三维有限元模型

图5.8　桩顶固定的非等长桩群桩三维有限元计算模型

采用梁单元模拟桩,采用 8 节点块体单元模拟桩基土,4 节点平面单元模拟刚性承台,桩—土界面间没有滑移。三维有限元模型的单元划分密度通过多次试算来确定,当继续增加单元划分密度计算结果没有变化的时候,作为本书计算采用的单元密度。当桩心距 $s/d=3$,三维有限元模型由 39 600 个 8 节点块体单元、196 个 4 节点平面单元和 140 个 2 节点梁单元组成,总共 75 141 个节点,块体单元的数目随着桩心距的增加而增加。

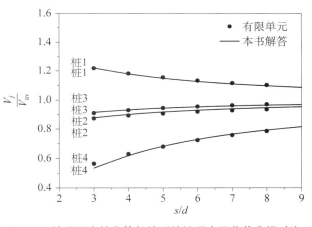

从图 5.9 可以看出,对于 3×3 桩桩顶固定的非等长桩群桩,群桩中各桩桩顶水平荷载分担的不均匀性,本书解答与三维有限元的计算结果基本一致。

图5.9　桩顶固定的非等长桩群桩桩顶水平荷载分担对比

5.4.2　群桩效率系数

1. 等长桩

群桩效率系数 R_E 是水平荷载作用下群桩基础设计的一个基本参数[Salgado 等(2014),EL Sharnoby 等(1985)和 Sheng 等(2002)]定义群桩效率系数是群桩平均刚度与单桩刚度的比,即

$$R_E = \frac{K_g}{nK_s} \tag{5.11}$$

式中，K_g 和 K_s 分别是群桩的刚度和单桩的刚度，而 Salgado 等(2014)定义群桩效率系数是群桩中单桩的平均的水平荷载与相同条件下单桩水平荷载的比，即

$$R_E = \frac{V_g}{nV_s(0)} \tag{5.12}$$

式中，$V_s(0)$ 是与群桩产生相同水平位移时单桩所承受的水平荷载。图 5.10 分别给出了 3×3 群桩和单桩的桩顶水平位移与水平荷载的关系曲线。土的泊松比 $\mu_s = 0.3$，桩长细比 $L/d = 25$、100，不同的桩土弹性模量比 $E_p/E_s = 100$ 和 9 000。

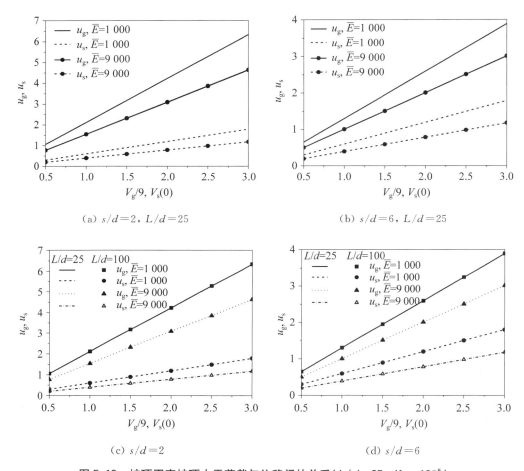

图 5.10 桩顶固定桩顶水平荷载与位移间的关系($L/d = 25$, $K_R = 10^{-5}$)

从图 5.10 可以看出，桩顶水平位移与桩顶水平荷载是线性关系，群桩和单桩桩顶水平位移与水平荷载的关系可以分别用以下函数表示

$$u_g = K_g V_g(0) + C_g \tag{5.13}$$

$$u_s = K_s V_s(0) + C_s \tag{5.14}$$

在群桩位移曲线上任意取两点，可以得到式(5.13)中的两个常数，其中

$$C_g = 0 \qquad (5.15)$$

同理,可以得到

$$C_s = 0 \qquad (5.16)$$

由 Salgado 等(2014)对群桩效率系数的定义

$$u_g = u_s \qquad (5.17)$$

式(5.13)~式(5.17)代入式(5.17)可以得到

$$\frac{V_g(0)}{V_s(0)} = \frac{K_s}{K_g} \qquad (5.18)$$

式(5.18)代入式(5.12)

$$R_E = \frac{K_s}{nK_g} \qquad (5.19)$$

式(5.19)与式(5.12)对比可以发现,本书按照 Salgado 等(2014)所定义的群桩效率系数推导出群桩效率系数的另一种表达方式,即用单桩刚度系数和群桩刚度系数来计算群桩效率系数。EL Sharnoby 等(1985)和 Sheng 等(1980)也用单桩刚度系数和群桩刚度系数来计算群桩效率系数,但与本书计算公式完全不同,通过与已有计算结果比较可以发现,EL Sharnoby 等(1985)和 Sheng 等(1980)的群桩效率系数计算公式表达有误,但文中给出的计算结果是正确的。

在两种水平荷载和桩顶自由条件下,用 R_{EH} 和 R_{EM} 分别表示仅受水平力和仅受弯矩的桩顶自由桩的群桩效率系数。在桩顶固定条件下,用 R_{EF} 表示仅受水平力的桩顶固定桩的群桩效率系数。

将本书虚拟桩方法得到的 3×3 桩桩顶固定对称群桩效率系数随不同桩间距的变化,与 Poulos(1971)的弹性理论解、Shen 等(2002)的变分法、El Sharnouby 等(1985)的刚度法解答进行了比较。取土的泊松比 $\mu_s = 0.5$,桩长细比 $L/d = 25$,不同的桩身刚度系数 $K_R = 10^{-5}$、10^{-1}。

从图 5.11 可以看出,对于刚度较大的群桩,4 种解法较一致。但是,对于刚度较小的桩顶固定群桩,本书解答与 Shen 等(2002)的变分法解答较一致,El Sharnouby 等(1985)的刚度法解答小一些,Poulos(1971)的弹性理论解答最小。这是由于本书虚拟桩方法考虑了群桩"加筋效应",这个结论与

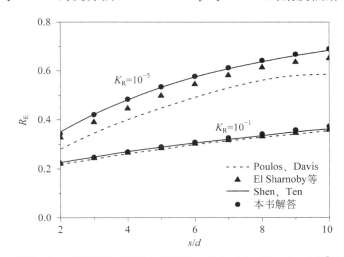

图 5.11　桩顶固定的群桩效率系数对比($L/d = 25$, $K_R = 10^{-5}$)

桩顶固定时群桩中各桩顶荷载分担不均匀性与现有方法的比较结论相一致。

2. 非等长桩情况

根据式(5.21)对等长桩群桩效率系数的定义,非等长桩群桩的效率系数可以表示为

$$R_E = \frac{\sum_{i=1}^{n} K_{si}}{n^2 K_g} \tag{5.20}$$

式中,K_{si} 是非等长群桩中第 n 根桩的刚度,该式也可以用来表达不同刚度、不同直径等各种混合桩型群桩的效率系数。

为了验证本书非等长桩群桩桩顶固定时群桩效率系数计算结果的正确性,与等长桩解法进行了比较。即长桩和短桩的桩长细比都为 $L/d = 50$,土的泊松比 $\mu_s = 0.3$,桩土弹性模量比为 $E_p/E_s = 1\,000$。从图 5.12 可以看出两种解法计算结果完全一致。

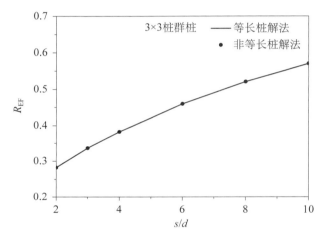

图 5.12 桩顶固定的非等长桩群桩效率系数对比

5.4.3 群桩折减系数

1. 等长桩

群桩的水平位移用表示群桩相对水平位移的群桩水平位移折减系数 $R_{R\rho}$ 表示[Poulos (1971b)]

$$R_{R\rho} = \frac{u_G}{H u_H} \tag{5.21}$$

在两种水平荷载和桩顶自由条件下,用 $R_{R\rho H}$ 和 $R_{R\rho M}$ 分别表示仅受水平力和仅受弯矩的桩顶自由桩的群桩位移折减系数;同理,用 $R_{R\theta H}$ 和 $R_{R\theta M}$ 分别表示仅受水平力和仅受弯矩的桩顶自由桩的群桩转角折减系数。在桩顶固定条件下,用 $R_{R\rho F}$ 表示仅受水平力的桩顶固定桩的群桩位移折减系数。

为了进一步验证本书在考虑桩的存在对地基土变形带来影响的有效性,即克服现有方

法忽略群桩"加筋效应"的可行性,将本书方法与 Poulos(1971b)的弹性理论计算结果进行了比较。在图 5.13 中,土的泊松比 $\mu_s = 0.5$,桩长细比 $L/d = 25$,桩的柔度系数 $K_R = E_p I_p / E_s L^4 = 10^{-5}$。对于桩顶固定时 3×3 桩群桩和桩顶固定时 4×4 桩群桩,当桩间距 $s/d = 2$ 时,本书方法所求得的群桩折减系数比 Poulos(1971b)的解答小 27%。

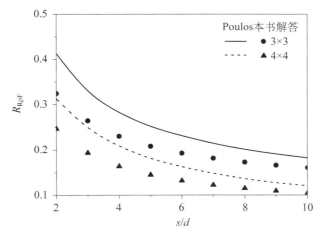

图 5.13　不同群桩的群桩折减系数的影响对比($L/d = 25$, $K_R = 10^{-5}$)

在图 5.14 中,土的泊松比 $\mu_s = 0.5$,桩长细比 $L/d = 25$,桩的柔度系数 $K_R = E_p I_p / E_s L^4 = 10^{-5}$、$10^{-1}$。对于桩顶固定时 3×3 桩群桩和桩顶固定时 4×4 桩群桩,桩间距 $s/d = 2$ 时,当 $K_R = 10^{-1}$ 时,即桩身刚度较大时,两种方法的计算结果相差不大,即 Poulos(1971b)方法所求得的群桩折减系数比本书的解答大 6%;但当 $K_R = 10^{-5}$ 时,即桩身刚度较小时,Poulos(1971b)方法所求得的群桩折减系数比本书解答大 27%。

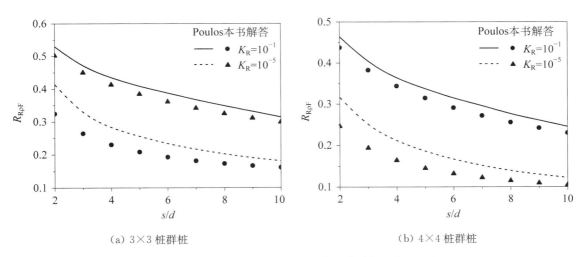

(a) 3×3 桩群桩　　　　　　　　　(b) 4×4 桩群桩

图 5.14　不同刚度群桩折减系数的影响对比($L/d = 25$)

在图 5.15 中,土的泊松比 $\mu_s = 0.5$,桩长细比 $L/d = 10$ 和 100,桩的柔度系数 $K_R =$

$E_p I_p / E_s L^4 = 10^{-5}$。对于桩顶固定时 3×3 桩群桩和桩顶固定时 4×4 桩群桩,当 $L/d = 100$ 时,桩间距 $s/d = 2$ 时,两种方法的计算结果相差不大,即 Poulos(1971b)方法所求得的群桩折减系数比本书的解答大 17%;但对于 $L/d = 10$ 时,即桩长较小时,Poulos(1971b)方法所求得的群桩折减系数比本书的解答大 60%。

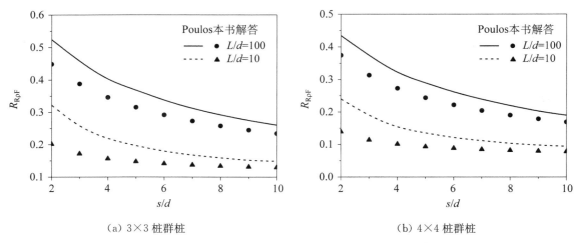

(a) 3×3 桩群桩　　　　　　　　(b) 4×4 桩群桩

图 5.15 　不同桩长群桩折减系数的影响对比($K_R = 10^{-5}$)

在图 5.16 中,土的泊松比 $\mu_s = 0.5$,桩长细比 $L/d = 25$,桩的柔度系数 $K_R = E_p I_p / E_s L^4 = 10^{-5}$。对于 3×3 桩桩顶自由群桩和 4×4 桩桩顶自由群桩,桩间距 $s/d = 2$ 时,Poulos (1971b)方法所求得的群桩折减系数比本书的解答大 24% 和 28%。

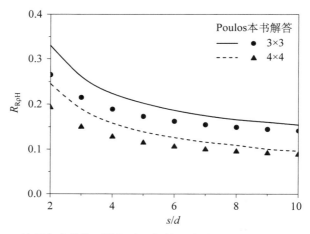

图 5.16 　桩顶自由桩的群桩折减系数的影响对比($L/d = 25$,$K_R = 10^{-5}$)

从上面的比较结果可以看出,本书计算结果相对于 Poulos(1971b)的解答要小。这是由于 Poulos 的群桩计算方法,忽略了群桩在土中的"加筋效应",没有考虑邻桩的存在对土的变形的影响,即过高估计了群桩中桩—桩之间的相互作用,从而使计算的群桩的沉降偏大。

本书方法能够考虑桩对土的"加筋效应",可以更加准确地计算桩—桩之间的相互作用,本书方法显然更可行。

2. 非等长桩情况

根据式(5.21)对等长桩群桩的折减系数的定义,非等长群桩的折减系数表示为

$$R_{R\rho} = \frac{nu_{G}}{H\sum\limits_{i=1}^{n} u_{Hi}} \tag{5.22}$$

该式也可以用来表达不同刚度、不同直径等各种混合桩型群桩的折减系数。

为了验证本书非等长桩群桩桩顶固定时群桩折减系数计算结果的正确性,与等长桩解法进行了比较。即长桩和短桩的桩长细比都为 $L/d = 50$,土的泊松比 $\mu_s = 0.3$,桩土弹性模量比为 $E_p/E_s = 1\,000$。从图 5.17 可以看出两种解法计算结果完全一致。

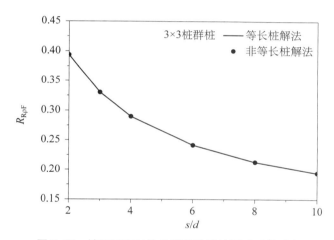

图 5.17　桩顶固定时的非等长桩群桩折减系数对比

5.5　等长桩参数分析

对于均匀土体中 3×3 桩和 4×4 桩高承台刚性承台群桩基础,分别计算了桩间距 s/d、桩的长细比 L/d 以及桩土弹性模量比 E_p/E_s 对桩顶自由和桩顶固定时群桩桩顶荷载分布、群桩效率系数和群桩折减系数的影响。计算中土的泊松比 $\mu_s = 0.3$,桩土弹性模量比 $E_p/E_s = 100$、$1\,000$、$5\,000$,桩的长细比 $L/d = 10$、25、50、100,各桩的编号见图 5.1。

5.5.1　群桩桩顶荷载分布

1. 桩顶自由桩

(1)桩距对桩顶荷载分布的影响。

图 5.18 给出了桩长细比 $L/d = 50$ 时,桩顶自由群桩的桩顶荷载分布随桩心距的变化曲线,从图中可以得到如下一些结论。

① 从图 5.18 可以看出,角桩(桩 1)承担最大的水平荷载,而内桩(桩 4)承担最小的荷载,边桩(桩 3)承担的荷载比边桩(桩 2)承担的水平荷载大。

对于不同的桩土弹性模量比,角桩、中心桩和两个边桩的相对大小关系不变。

② 桩顶自由群桩中角桩(桩 1)、内桩(桩 4)和边桩(桩 2 和桩 3)的水平荷载分担不均匀性随着桩心距的增加而减小。但荷载不均匀性的减小幅度不同,桩心距由 2 增加到 6,荷载不均匀性减小幅度较大,当桩心距大于 6 的时候,桩心距再增大,桩顶荷载分布的不均匀性变化不大。

对于不同的桩土弹性模量比,荷载分布的不均匀性随桩距增大的变化规律相同。

③ 由图 5.18a 和 5.18b 可以看出,随着桩群桩数的增加,桩顶自由群桩中的荷载分布不均匀性也在增大。

④ 对于 3×3 桩和 4×4 桩两种群桩,边桩 3 的荷载分担随桩心距变化规律并不相同,在 3×3 桩群桩中,边桩 3 的荷载分担随桩心距的增加而增大,而在 4×4 桩群桩中,边桩 3 的荷载分担随桩心距的增加而减小。但当桩心距大于 8 的时候,对于 3×3 桩和 4×4 桩两种群桩,边桩 2 和边桩 3 的水平荷载分担基本相同。

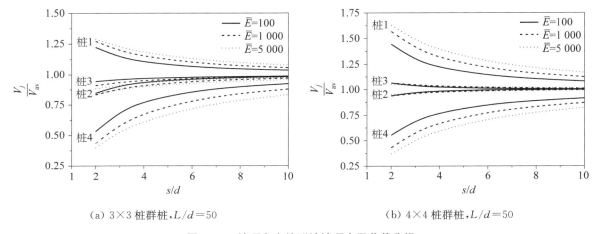

(a) 3×3 桩群桩,$L/d=50$ (b) 4×4 桩群桩,$L/d=50$

图 5.18　桩顶自由的群桩桩顶水平荷载分担

(2)桩长对群桩桩顶荷载分布的影响。

图 5.19 给出了桩土弹性模量比分别为 $E_p/E_s=100$、$1\,000$、$5\,000$,桩间距 $s/d=3$ 时,桩顶自由群桩的桩顶荷载分布随桩长的变化曲线,从图中可以得到如下一些结论。

① 对于 3×3 桩和 4×4 桩群桩,当桩土弹性模量比 $E_p/E_s=100$、$1\,000$ 时,桩顶自由群桩中角桩(桩 1)和内桩(桩 4)的水平荷载分担不均匀性随着桩长的增加而基本保持不变。

② 对于 3×3 桩和 4×4 桩群桩,但当桩土弹性模量比 $E_p/E_s=5\,000$ 时,角桩(桩 1)的桩顶水平荷载分担随着桩长的增加先增加后减小,最后再保持不变;内桩(桩 4)的桩顶水平荷载分担随着桩长的增加先减小后增加,最后再保持不变;而中心桩(桩 2 和桩 3)的桩顶水平荷载分担随着桩长的增加基本保持不变。

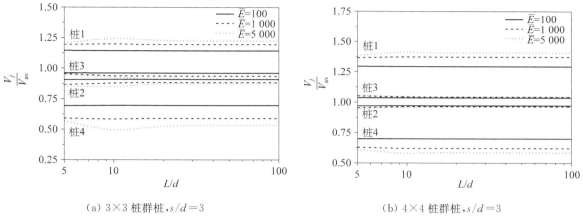

（a）3×3 桩群桩，$s/d=3$　　　　　　　　　（b）4×4 桩群桩，$s/d=3$

图 5.19　桩顶自由的群桩桩顶水平荷载分担

（3）桩刚度对群桩桩顶荷载分布的影响。

图 5.20 给出了桩间距分别为 $s/d=2$、3、4，桩长细比 $L/d=50$，桩顶自由群桩的桩顶荷载分布随桩刚度的变化曲线，从图中可以得到如下一些结论。

① 对于 3×3 桩和 4×4 桩群桩，桩顶自由群桩中角桩（桩 1）、边桩（桩 2 和桩 3）和内桩（桩 4）的水平荷载分担不均匀性随着桩刚度的增加而增大。即角桩（桩 1）和内桩（桩 4）的水平荷载分担随着桩刚度的增加而增大，而边桩 2 和 3 的水平荷载分担随着桩刚度的增加而减小。

但荷载不均匀性随桩刚度的增加而增加的幅度不同，即当桩土弹性模量比由 $E_p/E_s=100$ 增加到 1 000 时，荷载不均匀性的增加幅度较大，而当桩土弹性模量 $E_p/E_s \geqslant 1\,000$ 时，再增加桩的刚度，桩顶固定群桩中各桩水平荷载分担的不均匀性的增加幅度减小。

② 对于不同的桩间距 $s/d=2$、3、4，桩顶固定群桩中角桩（桩 1）、边桩（桩 2 和桩 3）和内桩（桩 4）的水平荷载分担不均匀性都随着桩刚度的变化规律相同。

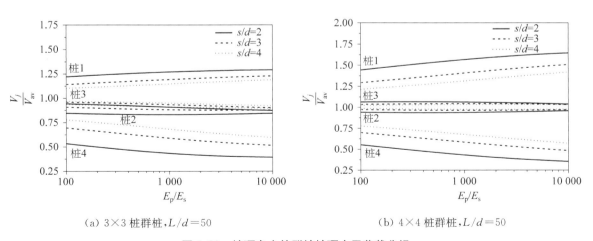

（a）3×3 桩群桩，$L/d=50$　　　　　　　　　（b）4×4 桩群桩，$L/d=50$

图 5.20　桩顶自由的群桩桩顶水平荷载分担

2. 桩顶固定桩

（1）桩距对桩顶荷载分布的影响。

图 5.21 给出了桩长细比 $L/d=50$ 时，桩顶固定群桩的桩顶荷载分布随桩心距的变化曲线，从图中可以得到如下一些结论。

① 图 5.21 与图 5.17 对比可以看出，与桩顶自由群桩类似，桩顶固定群桩中各桩的水平荷载分担不均匀性随着桩心距的增加而减小。但荷载不均匀性的减小幅度不同，桩心距由 2 增加到 6 的时候，荷载不均匀性减小幅度较大，当桩心距大于 6 的时候，再增加桩心距，桩顶水平荷载分布的不均匀性变化不大。

同样，对于不同的桩土弹性模量比，荷载分布的不均匀性随桩距增大的变化规律相同。

② 由图 5.21a 和 5.21b 可以看出，与桩顶自由群桩类似，随着桩群桩数的增加，桩顶固定群桩中的荷载分布不均匀性也在增大。

③ 从图 5.21 与图 5.17 对比可以看出，与桩顶自由群桩不同的地方是，不论是 3×3 桩还是 4×4 桩群桩，桩顶固定群桩中各桩桩顶水平荷载分担的不均匀性相对要大一些。

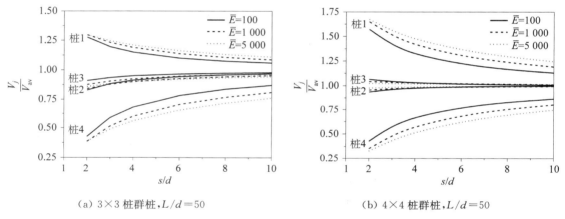

（a）3×3 桩群桩，$L/d=50$　　　　　　　（b）4×4 桩群桩，$L/d=50$

图 5.21　桩顶固定的群桩桩顶水平荷载分担

（2）桩长对群桩桩顶荷载分布的影响。

图 5.22 给出了桩土弹性模量比分别为 $E_p/E_s=100$、1 000、5 000，桩间距 $s/d=3$ 时，桩顶固定群桩的桩顶荷载分布随桩长的变化曲线，从图中可以得到如下一些结论。

① 图 5.22 与图 5.19 对比可以看出，与桩顶自由群桩类似，对于 3×3 桩和 4×4 桩群桩，当桩土弹性模量比 $E_p/E_s=100$ 时，桩顶固定群桩中各桩的水平荷载分担不均匀性随着桩长的增加而基本保持不变。

对于 4×4 桩群桩，当桩土弹性模量比 $E_p/E_s=1$ 000、5 000 时，角桩（桩 1）的桩顶水平荷载分担随着桩长的增加先增加再保持不变；内桩（桩 4）的桩顶水平荷载分担随着桩长的增加先减小再保持不变；而中心桩（桩 2 和桩 3）的桩顶水平荷载分担随着桩长的增加基本保持不变。

② 图 5.22 与图 5.19 对比可以看出，对于 3×3 桩桩顶固定群桩，当桩土弹性模量比 $E_p/E_s=5$ 000 时，与桩顶自由群桩不同的地方是：角桩（桩 1）的桩顶水平荷载分担随着桩长

的增加基本保持不变；内桩（桩 4）的桩顶水平荷载分担随着桩长的增加先增加再保持不变。与桩顶自由群桩相同的地方是：边桩（桩 2 和桩 3）的桩顶水平荷载分担随着桩长的增加基本保持不变。

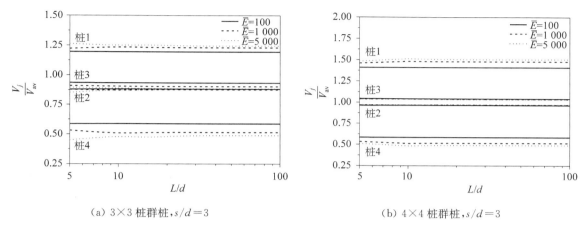

(a) 3×3 桩群桩, $s/d=3$　　　　　　　　　(b) 4×4 桩群桩, $s/d=3$

图 5.22　桩顶固定的群桩桩顶水平荷载分担

（3）桩刚度对群桩桩顶荷载分布的影响。

图 5.23 给出了桩间距分别为 $s/d=2$、3、4，桩长细比 $L/d=50$，桩顶固定群桩的桩顶荷载分布随桩土弹性模量比的变化曲线，从图中可以得到如下一些结论。

从图 5.23 与图 5.20 对比中可以看出，与桩顶自由群桩类似，对于 3×3 桩和 4×4 桩群桩，桩顶自由群桩中角桩（桩 1）、边桩（桩 2 和桩 3）和内桩（桩 4）的水平荷载分担不均匀性随着桩刚度的增加而增大。即角桩（桩 1）和边桩（桩 2）的水平荷载分担随着桩刚度的增加而增大，而内桩（桩 4）和边桩（桩 3）的水平荷载分担随着桩刚度的增加而减小。

但荷载不均匀性随桩刚度的增加而增加的幅度不同，即当桩土弹性模量比由 $E_p/E_s=100$ 增加到 1 000 时，荷载不均匀性的增加幅度较大，而当桩土弹性模量 $E_p/E_s \geqslant 1000$ 时，再增加桩的刚度，桩顶固定群桩中各桩水平荷载分担的不均匀性的增加幅度减小。

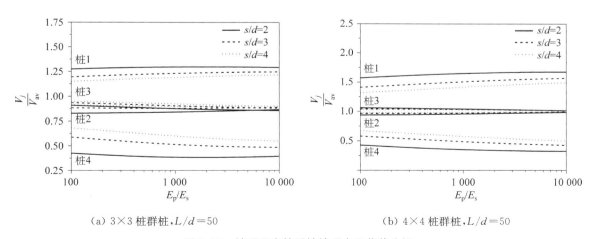

(a) 3×3 桩群桩, $L/d=50$　　　　　　　　　(b) 4×4 桩群桩, $L/d=50$

图 5.23　桩顶固定的群桩桩顶水平荷载分担

5.5.2 群桩效率系数

1. 桩顶自由桩

（1）桩距对群桩效率系数的影响。

图 5.24 给出了桩长细比 $L/d=50$ 时,桩顶自由群桩的群桩效率系数随桩心距的变化曲线,从图中可以得到如下一些结论。

① 桩顶自由的群桩效率系数随着桩心距的增加而增加。对于不同的桩土弹性模量比,群桩效率系数随桩距增大的变化规律相同。

② 由图 5.24a 和 5.24b 可以看出,随着桩群桩数的增加,桩顶自由的群桩效率系数减小。

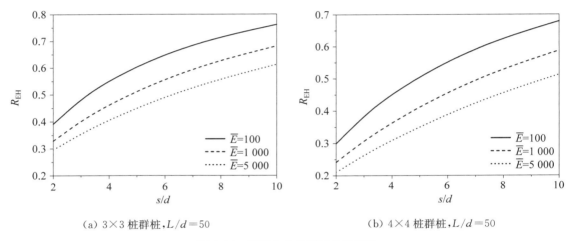

（a）3×3 桩群桩,$L/d=50$ （b）4×4 桩群桩,$L/d=50$

图 5.24　桩顶自由的群桩效率系数

（2）桩长对群桩效率系数的影响。

图 5.25 给出了桩土弹性模量比分别为 $E_p/E_s=100$、$1\,000$、$5\,000$,桩间距 $s/d=3$ 时,桩顶自由的群桩效率系数随桩长的变化曲线,从图中可以得到如下一些结论。

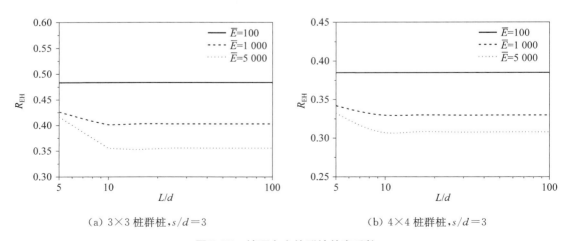

（a）3×3 桩群桩,$s/d=3$ （b）4×4 桩群桩,$s/d=3$

图 5.25　桩顶自由的群桩效率系数

当桩土弹性模量比 $E_p/E_s = 100$ 时,桩长对群桩效率系数基本没有影响;当桩土弹性模量比 $E_p/E_s = 100$、5 000 时,随着桩长细比的增加,群桩效率系数先减小再保持不变。

（3）桩刚度对群桩效率系数的影响。

图 5.26 给出了桩间距分别为 $s/d = 2$、3、4,桩长细比 $L/d = 50$,桩顶自由的群桩效率系数随桩刚度的变化曲线,从图中可以得到如下一些结论。

对于 3×3 桩和 4×4 桩群桩,对于不同的桩间距 $s/d = 2$、3、4,桩顶自由的群桩效率系数随着桩刚度的增加而减小。

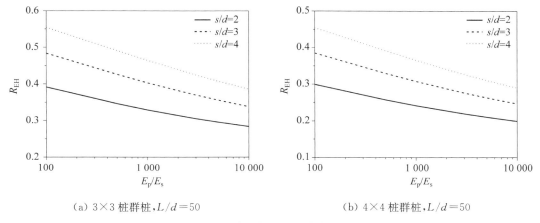

（a）3×3 桩群桩,$L/d = 50$　　　　（b）4×4 桩群桩,$L/d = 50$

图 5.26　桩顶自由的群桩效率系数

2. 桩顶固定桩

（1）桩距对群桩效率系数的影响。

图 5.27 给出了桩长细比 $L/d = 50$ 时,桩顶固定群桩的群桩效率系数随桩心距的变化曲线,从图中可以得到如下一些结论。

从图 5.27 与图 5.24 对比中可以看出,与桩顶自由群桩相比,类似的地方是:对于不同的桩土弹性模量比 $E_p/E_s = 100$、1 000、5 000,桩顶固定的群桩效率系数随着桩心距的增加而增加。不同的地方是,桩顶固定的群桩效率系数比桩顶自由的群桩效率系数小。

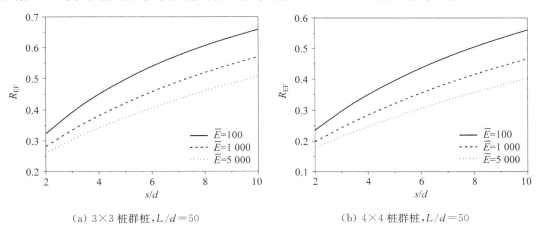

（a）3×3 桩群桩,$L/d = 50$　　　　（b）4×4 桩群桩,$L/d = 50$

图 5.27　桩顶固定的群桩效率系数

（2）桩长对群桩效率系数的影响。

图 5.28 给出了桩土弹性模量比分别为 $E_p/E_s=100$、$1\,000$、$5\,000$，桩间距 $s/d=3$ 时，桩顶固定的群桩效率系数随桩长的变化曲线，从图中可以得到如下一些结论。

对于 3×3 桩群桩，对于不同的桩土弹性模量比 $E_p/E_s=100$、$1\,000$、$5\,000$，桩长对群桩效率系数基本没有影响。对于 4×4 桩群桩，当桩土弹性模量比 $E_p/E_s=100$，桩长对群桩效率系数基本没有影响；当桩土弹性模量比 $E_p/E_s=1\,000$、$5\,000$ 时，随着桩长细比的增加，群桩效率系数先减小再保持不变。

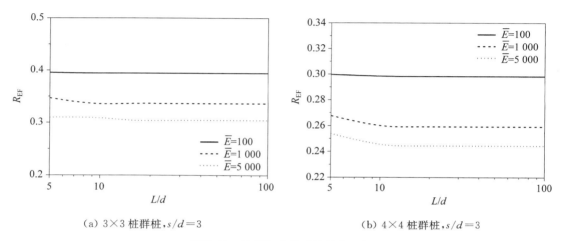

(a) 3×3 桩群桩，$s/d=3$ (b) 4×4 桩群桩，$s/d=3$

图 5.28 桩顶固定的群桩效率系数

（3）桩刚度对群桩效率系数的影响。

图 5.29 给出了桩间距分别为 $s/d=2$、3、4，桩长细比 $L/d=50$，桩顶自由的群桩效率系数随桩刚度的变化曲线，从图中可以得到如下一些结论。

从图 5.29 与图 5.26 对比中可以看出，与桩顶自由群桩类似，对于 3×3 桩和 4×4 桩群桩，对于不同的桩间距 $s/d=2$、3、4，桩顶自由的群桩效率系数随着桩刚度的增加而减小。

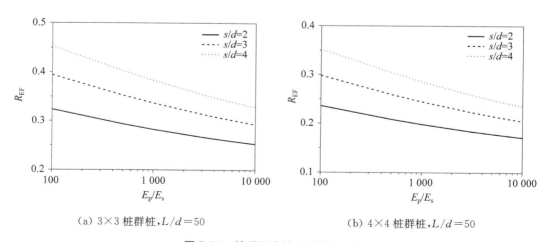

(a) 3×3 桩群桩，$L/d=50$ (b) 4×4 桩群桩，$L/d=50$

图 5.29 桩顶固定的群桩效率系数

5.5.3　群桩折减系数

1. 桩顶自由桩

（1）桩距对群桩折减系数的影响。

图 5.30 给出了桩长细比 $L/d = 50$，桩土弹性模量比分别为 $E_p/E_s = 100$、$1\,000$、$5\,000$ 时，桩顶自由群桩的群桩折减系数随桩心距的变化曲线，从图中可以得到如下一些结论。

① 对于 3×3 桩和 4×4 桩桩顶自由群桩，桩顶自由的群桩折减系数随着桩心距的增加而减小。对于不同的桩土弹性模量比，群桩效率系数随桩距增大的变化规律相同。

② 由图 5.30a 和 5.30b 可以看出，随着桩群桩数的增加，桩顶自由的群桩折减系数减小。

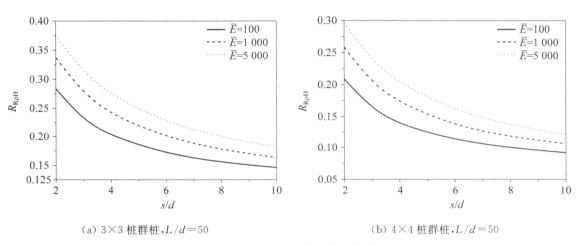

(a) 3×3 桩群桩，$L/d = 50$　　　　　　(b) 4×4 桩群桩，$L/d = 50$

图 5.30　桩顶自由的群桩折减系数

（2）桩长对群桩折减系数的影响。

图 5.31 给出了桩土弹性模量比分别为 $E_p/E_s = 100$、$1\,000$、$5\,000$，桩间距 $s/d = 3$ 时，桩顶自由的群桩折减系数随桩长的变化曲线，从图中可以得到如下一些结论。

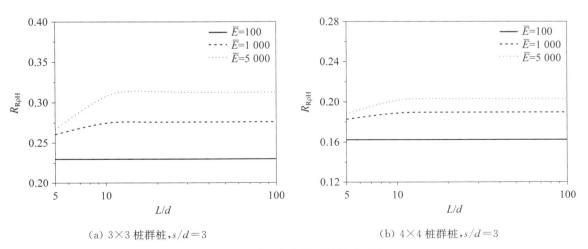

(a) 3×3 桩群桩，$s/d = 3$　　　　　　(b) 4×4 桩群桩，$s/d = 3$

图 5.31　桩顶自由的群桩折减系数

当桩土弹性模量比 $E_p/E_s = 100$ 时,桩长对群桩折减系数基本没有影响;但当桩土弹性模量比 $E_p/E_s = 100$、$5\,000$ 时,随着桩长细比的增加,群桩效率系数先增加再保持不变,即当桩长细比由 5 增加到 10 的时候,群桩折减系数随着桩长的增加而增加,但当桩长细比大于 10 的时候,桩长再增加,群桩折减系数基本保持不变。

(3)桩刚度对群桩折减系数的影响。

图 5.32 给出了桩间距分别为 $s/d = 2$、3、4,桩长细比 $L/d = 50$,桩顶自由的群桩折减系数随桩刚度的变化曲线,从图中可以得到如下一些结论。

对于 3×3 桩和 4×4 桩群桩,对于不同的桩间距 $s/d = 2$、3、4,桩顶自由的群桩效率系数随着桩刚度的增加而增加。

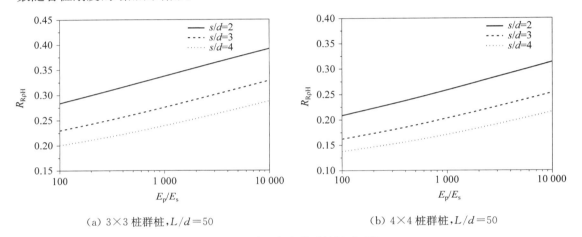

(a) 3×3 桩群桩,$L/d = 50$ (b) 4×4 桩群桩,$L/d = 50$

图 5.32　桩顶自由的群桩折减系数

2. 桩顶固定桩

(1)桩距对群桩折减系数的影响。

图 5.33 给出了桩长细比 $L/d = 50$ 时,桩顶固定群桩的群桩效率系数随桩心距的变化曲线,从图中可以得到如下一些结论。

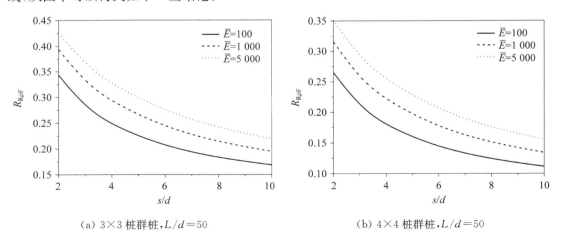

(a) 3×3 桩群桩,$L/d = 50$ (b) 4×4 桩群桩,$L/d = 50$

图 5.33　桩顶固定的群桩折减系数

从图 5.33 与图 5.30 对比中可以看出，与桩顶自由群桩相比，相同的地方是：对于不同的桩土弹性模量比 $E_p/E_s=100$、$1\,000$、$5\,000$，桩顶固定的群桩折减系数随着桩心距的增加而减小。不同的地方是：桩顶固定的群桩折减系数比桩顶自由的群桩效率系数大。

（2）桩长对群桩折减系数的影响。

图 5.34 给出了桩土弹性模量比分别为 $E_p/E_s=100$、$1\,000$、$5\,000$，桩间距 $s/d=3$ 时，桩顶固定的群桩折减系数随桩长的变化曲线，从图中可以得到如下一些结论。

从图 5.34 与图 5.31 对比中可以看出，与桩顶自由群桩类似，当桩土弹性模量比 $E_p/E_s=100$ 时，桩长对群桩折减系数基本没有影响；但当桩土弹性模量比 $E_p/E_s=100$、$5\,000$ 时，随着桩长细比的增加，群桩效率系数先增加再保持不变，即当桩长细比由 5 增加到 10 的时候，群桩折减系数随着桩长的增加而增加，但当桩长细比大于 10 的时候，桩长再增加，群桩折减系数基本保持不变。

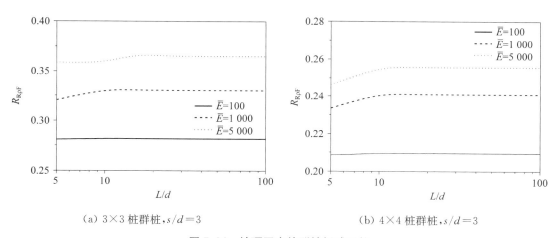

（a）3×3 桩群桩，$s/d=3$　　　　　（b）4×4 桩群桩，$s/d=3$

图 5.34　桩顶固定的群桩折减系数

（3）桩刚度对群桩折减系数的影响。

图 5.35 给出了桩间距分别为 $s/d=2$、3、4，桩长细比 $L/d=50$，桩顶固定的群桩折减系数随桩刚度的变化曲线，从图中可以得到如下一些结论。

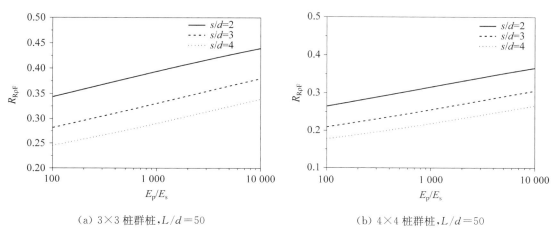

（a）3×3 桩群桩，$L/d=50$　　　　　（b）4×4 桩群桩，$L/d=50$

图 5.35　桩顶固定的群桩折减系数

从图 5.35 与图 5.32 对比中可以看出,与桩顶自由群桩类似,对于 3×3 桩和 4×4 桩群桩,对于不同的桩间距 $s/d = 2$、3、4,桩顶固定的群桩折减系数随着桩刚度的增加而增加。

5.6 非等长桩参数分析

对于均匀土体中非等长桩 3×3 桩高承台刚性承台群桩基础,其他桩长 $L/d = 30$ 保持不变,分别改变桩 1、桩 2、桩 3 和桩 4 的桩长(各桩的编号见图 5.1),分析其对桩顶自由和桩顶固定两种情况下的群桩桩顶荷载分布、群桩效率系数和群桩折减系数的影响。计算中土的泊松比 $\mu_s = 0.3$,桩间距 $s/d = 4$,桩土弹性模量比分别为 $E_p/E_s = 300$、5 000。

5.6.1 群桩桩顶荷载分布

1. 桩顶自由桩

从图 5.36 可以看出,桩 1 桩长的变化对桩顶自由时群桩中各桩桩顶的水平荷载分担的影响最明显。如图 5.36a 所示,对于不同的桩土弹性模量比 $E_p/E_s = 300$、5 000,随着桩 1 桩长的增加,桩 2、桩 3 和桩 4 桩顶的水平荷载先减小再保持不变,而桩 1 桩顶的水平荷载先增加再保持不变。桩 1、桩 2、桩 3 和桩 4 的桩顶水平荷载分担不均匀性,随着桩 1 桩长的增加先减小再增大,最后,当桩 1 的桩长增加到与其他桩的桩长相等的时候($L_1/d = 30$),再增加桩 1 的桩长,各桩桩顶水平荷载分担的不均匀不再有明显的变化。当桩土弹性模量比 $E_p/E_s = 300$ 时,当桩 1 的桩长由 2 增加到 3.5 的时候,桩 1、桩 2、桩 3 和桩 4 的桩顶荷载分担不均匀性最小,而当桩土弹性模量比 $E_p/E_s = 5 000$ 时,当桩 1 的桩长由 2 增加到 8 的时候,桩 1、桩 2、桩 3 和桩 4 的桩顶荷载分担不均匀性最小。

从图 5.36b~d 中可以看出,对于不同的桩土弹性模量比 $E_p/E_s = 300$、5 000,桩 2、桩 3 和桩 4 桩长的分别单独改变,对群桩中其他桩桩顶水平荷载都没有明显的影响。对于桩土弹性模量比大的桩($E_p/E_s = 5 000$),桩 2、桩 3 和桩 4 桩桩长的分别单独改变,桩 2、桩 3 和桩 4 的桩顶荷载分别随着自身桩长的增加先增加再保持不变。而对于桩土弹性模量比小的桩($E_p/E_s = 300$),桩 2、桩 3 和桩 4 桩桩长的分别单独改变,桩 2、桩 3 和桩 4 桩桩顶荷载基本保持不变。

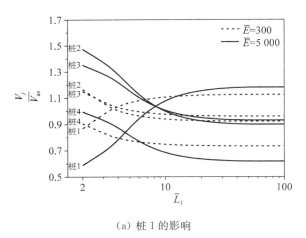

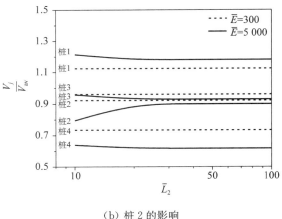

(a) 桩 1 的影响　　　　　　　　　　　　　(b) 桩 2 的影响

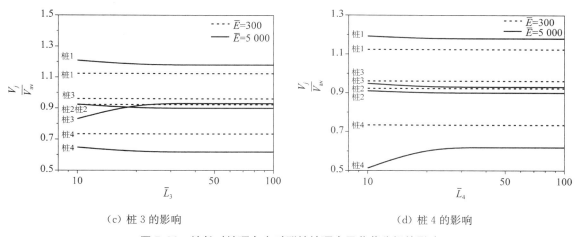

（c）桩 3 的影响　　　　　　　　（d）桩 4 的影响

图 5.36　桩长对桩顶自由时群桩桩顶水平荷载分担的影响

2. 桩顶固定桩

从图 5.37 与图 5.36 的对比中可以看出，对于桩顶固定时的群桩，与桩顶自由时的群桩类似，桩 1 桩长的变化对桩顶固定时群桩中各桩桩顶的水平荷载分担的影响也是最明显的。

从图 5.37a 可以看出，当桩土弹性模量比 $E_p/E_s = 5\,000$ 时，对于桩顶固定时的群桩，桩 1 桩长的改变对群桩中其他桩桩顶水平荷载分担的影响，与桩顶自由时的群桩类似，即随着桩 1 桩长的增加，桩 2、桩 3 和桩 4 桩顶的水平荷载先减小再保持不变，而桩 1 桩顶的水平荷载先增加再保持不变。桩 1、桩 2、桩 3 和桩 4 的桩顶水平荷载分担不均匀性，随着桩 1 桩长的增加先减小再增大，最后，当桩 1 的桩长增加到与其他桩的桩长相等的时候（$L_1/d = 30$），再增加桩 1 的桩长，各桩桩顶水平荷载分担的不均匀不再有明显变化。当桩土弹性模量比 $E_p/E_s = 300$ 时，对于桩顶固定时的群桩，桩 1 桩长的改变对群桩中其他桩桩顶水平荷载分担的影响，随着桩 1 桩长的增加，桩 2、桩 3 和桩 4 桩顶的水平荷载先减小再保持不变，而只有桩 1 桩顶的水平荷载先增加再保持不变。桩 1、桩 2、桩 3 和桩 4 的桩顶水平荷载分担不均匀性，随着桩 1 桩长的增加先增大再保持不变，即当桩 1 的桩长增加到 $L_1d = 4$ 时，再增加桩 1 的桩长，各桩桩顶水平荷载分担的不均匀不再有明显变化。

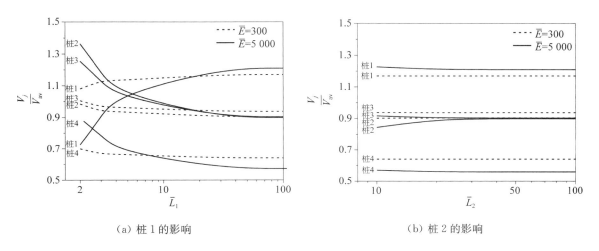

（a）桩 1 的影响　　　　　　　　（b）桩 2 的影响

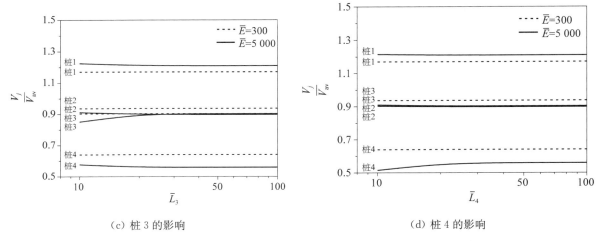

（c）桩 3 的影响　　　　　　　　　　（d）桩 4 的影响

图 5.37　桩长对桩顶固定时群桩桩顶水平荷载分担的影响

从图 5.37b～d 与图 5.36b～d 的对比中可以看出，对于桩顶固定时的群桩和桩顶自由时的群桩，分别单独改变桩 2、桩 3 和桩 4 的桩长，桩长的改变对于群桩中其他桩桩顶的水平荷载分担的影响规律相同。

5.6.2　群桩效率系数

1. 桩顶自由桩

从图 5.38 可以看出，桩 1 桩长的变化对桩顶自由时群桩效率系数的影响最明显。如图 5.38a 所示，对于不同的桩土弹性模量比 E_p/E_s＝300、5 000，随着桩 1 桩长的增加，群桩效率系数随着先减小再保持不变。当桩土弹性模量比 E_p/E_s＝300 时，当桩 1 桩长的增加到 8 的时候和当桩土弹性模量比 E_p/E_s＝5 000 时，当桩 1 桩长的增加到 30 的时候，再增加桩 1 的桩长，群桩效率系数基本保持不变。

从图 5.38b～d 中可以看出，桩 2、桩 3 和桩 4 桩长的改变，对桩顶自由时的群桩效率系数没有明显影响。

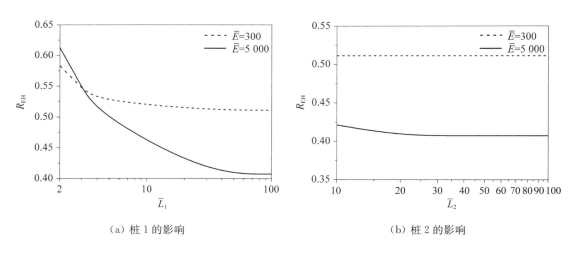

（a）桩 1 的影响　　　　　　　　　　（b）桩 2 的影响

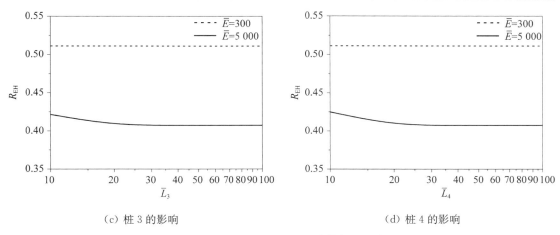

（c）桩 3 的影响　　　　　　　　（d）桩 4 的影响

图 5.38　桩长对桩顶自由时群桩效率系数的影响

2. 桩顶固定桩

从图 5.39 与图 5.38 的对比中可以看出，当桩土弹性模量比 $E_p/E_s=5\,000$ 时，桩顶固定时的群桩与桩顶自由时的群桩类似，桩 1 桩长的变化对桩群桩效率系数的影响最明显，当桩 1 的桩长增加到 30 的时候，再增加桩 1 的桩长，群桩效率系数基本保持不变。但当桩土弹性模量比 $E_p/E_s=300$ 时，桩 1 桩长的改变，对桩顶固定时的群桩效率系数没有明显影响。

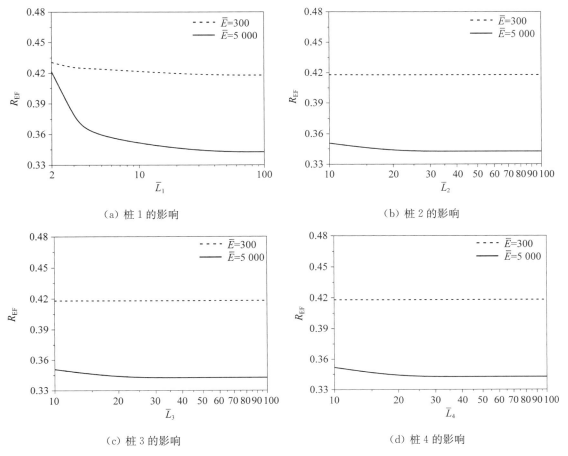

（a）桩 1 的影响　　　　　　　　（b）桩 2 的影响

（c）桩 3 的影响　　　　　　　　（d）桩 4 的影响

图 5.39　桩长对桩顶固定时群桩效率系数的影响

对比图 5.38b~d 和图 5.39b~d 可以看出,桩顶固定时与桩顶自由时类似,桩 2、桩 3 和桩 4 桩长的改变,对桩顶固定时的群桩效率系数也没有明显影响。

5.6.3 群桩折减系数

1. 桩顶自由桩

从图 5.40 中可以看出,桩 1 桩长的变化对桩顶自由时群桩折减系数的影响最明显。如图 5.40a 所示,对于不同的桩土弹性模量比 $E_p/E_s=300$ 和 5 000,随着桩 1 桩长的增加,群桩折减系数随之先增加再保持不变。当桩土弹性模量比 $E_p/E_s=300$ 时,当桩 1 的桩长增加到 10 的时候和当桩土弹性模量比 $E_p/E_s=5\,000$ 时,当桩 1 的桩长增加到 30 的时候,再增加桩 1 的桩长,群桩折减系数不再发生变化。

从图 5.40b~d 中可以看出,桩 2、桩 3 和桩 4 桩长的改变,对桩顶自由时的群桩效率系数没有明显的影响。

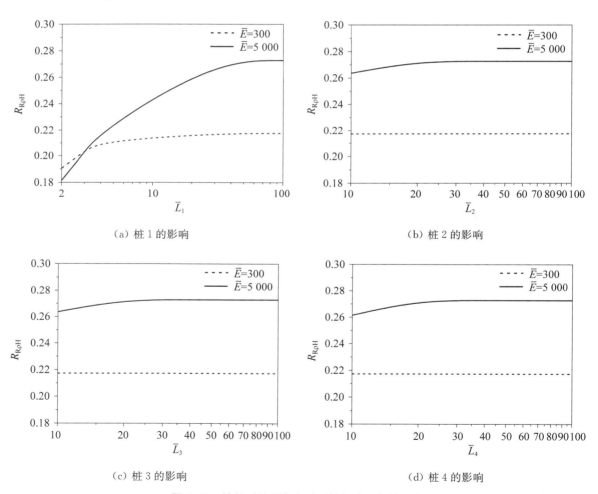

(a) 桩 1 的影响

(b) 桩 2 的影响

(c) 桩 3 的影响

(d) 桩 4 的影响

图 5.40　桩长对桩顶自由时群桩折减系数的影响

2. 桩顶固定桩

从图 5.41 与图 5.40 的对比中可以看出,当桩土弹性模量比 $E_p/E_s=5\,000$ 时,桩顶固定时的群桩与桩顶自由时的群桩类似,桩 1 桩长的变化对桩群桩折减系数的影响最明显,当桩 1 的桩长增加到 30 的时候,再增加桩 1 的桩长,群桩效率折减基本保持不变。但当桩土弹性模量比 $E_p/E_s=300$ 时,桩 1 桩长的改变,对桩顶固定时的群桩效率系数没有明显的影响,这与桩顶自由时的规律不相同。

对比图 5.41b~d 和图 5.40b~d 可以看出,桩顶固定时与桩顶自由时类似,桩 2、桩 3 和桩 4 桩长的改变,对桩顶固定时的群桩折减系数也没有明显的影响。

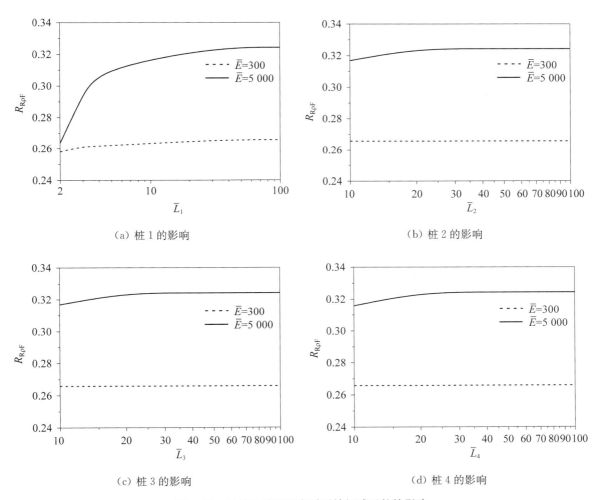

（a）桩 1 的影响　　　　　　　　（b）桩 2 的影响

（c）桩 3 的影响　　　　　　　　（d）桩 4 的影响

图 5.41　桩长对桩顶固定时群桩折减系数的影响

5.7　本章小结

本章根据虚拟桩理论的相互作用系数方法,对高承台等长桩和非等长桩群桩两种情况进行了计算分析,主要结果可以总结为以下几点。

(1) 基于叠加原理将 Muki 等(1970)的虚拟桩方法在求解水平荷载作用下两根等长桩之间的位移相互作用系数中的应用推广到求解高承台等长桩群桩基础;并进一步将解高承台等长桩群桩基础的位移相互作用系数解法推广到混合桩型桩基础的位移相互作用系数计算,本书方法可以求解非等长桩、非等径桩等复杂桩型问题,这是本书一个重要创新点。

(2) 本书根据虚拟桩理论建立了求解高承台等长桩以及非等长桩群桩基础的位移相互作用系数解法,这种计算方法的计算量少、计算效率高,但计算结果的精度并不受影响,此法在分析大型群桩问题中比较有效。

(3) 本书按照 Salgado 等(2014)所定义的等长桩群桩效率系数推导出群桩效率系数的另一种表达方式,即用单桩刚度系数和群桩刚度系数来计算群桩效率系数。本书在等长桩群桩效率系数和群桩折减系数定义的基础上,分别给出了混合桩型群桩效率系数和混合桩型群桩折减系数的表达式。

(4) 本书方法考虑了群桩在土中的"加筋效应",通过将本书虚拟桩方法与 Poulos (1971b)的弹性理论解、El Sharnouby 等(1985)的刚度法和 Zhang 等(2000a)的有限元解答的对比,验证了本书在考虑群桩在土中的"加筋效应"的有效性。通过与有限单元法计算结果比较,验证了本书非等长桩的混合桩型桩基础的位移相互作用系数计算方法的正确性。

(5) 针对高承台等长和不等长桩群桩基础两种情况,进行了较为广泛的参数分析,研究各种情况的群桩效率系数、群桩折减系数以及群桩中各桩桩顶荷载分担特性。在非等长群桩中,不论桩顶自由还是桩顶固定,对与刚度相对大的桩($E_p/E_s = 5\,000$),桩 1 桩长的改变对群桩中其他桩桩顶水平荷载分担的不均匀性、群桩效率系数以及群桩折减系数的影响最明显。因此在承受水平荷载较大的群桩设计中,要重视桩 1 桩长的设计以改善群桩中水平荷载分布的不均匀性。

参考文献

［1］ Abdrabbo F M, El-wakil A Z. Behavior of pile group incorporating dissimilar pile embedded into sand ［J］. Alexandria Engineering Journal, 2015,54(2): 175—182.

［2］ Albusoda B S, Al-Saadi A F, Jasim A F. An experimental study and numerical modeling of laterally loaded regular and finned pile foundations in sandy soils ［J］. Computers and Geotechnics, 2018,102: 102—110.

［3］ Banerjee P K, Davis T G. The behavior of axially and laterally loaded single piles embedded in non-homogeneous soils ［J］. Geotechnique, 1978,28(3): 309—326.

［4］ Basile F. Nonlinear analysis of pile groups ［J］. Ice Proceedings Geotechnical Engineering, 1999,137 (2): 105—115.

［5］ Basu D, Salgado R, Prezzi M. A continuum-based model for analysis of laterally loaded piles in layered soils ［J］. Geotechnique, 2009,59(2): 127—140.

［6］ Broms B B. Lateral resistance of Piles in cohesive soils ［J］. Journal of the Soil Mechanics and Foundation Division, ASCE, 1964,90(3): 123—156.

［7］ Brorns B B. Design of laterally loaded piles ［J］. Journal of the Soil Mechanics and Foundation Division, ASCE, 1965,91(3): 77—99.

［8］ Brown D, Reese L, O'Neill M. Cyclic lateral loading of a large scale pile group ［J］. Journal of Geotechnical Engineering, 1987,113(11): 1326—1343.

［9］ Cao M, Chen L Z. Analysis of interaction factors between two piles ［J］. Journal of Shanghai Jiaotong University(Sci), 2008,13(2): 171—176.

［10］ Chan K S, Karashudhi P, Lee S L. Force at a point in the interior of layered elastic half-space ［J］. International Journal of Solids and Structures, 1974,10(11): 1179—1199.

［11］ Chen S L, Chen L Z. Note on the interaction factor for two laterally loaded piles ［J］. Journal of Geotechnical and Geoenvironmental Engineering, 2008,134(11): 1685—1690.

［12］ Chik Z, Abbas J, et al. Lateral behavior of single pile in cohesionless soil subjected to both vertical and horizontal loads ［J］. European Journal of Scientific Research, 2009,29(2): 194—205.

［13］ Chow Y K. Analysis of vertically loaded pile groups ［J］. International Journal for Numerical and Analytical Methods in Geomechanics, 1986,10(1): 59—72.

［14］ Chow Y K. Axial and lateral response of pile groups embedded in nonhomogeneous soils ［J］. International Journal for Numerical and Analytical Methods in Geomechanics, 1987,11(6): 621—638.

［15］ Conte E, Troncone A, Vena M. Behaviour of flexible piles subjected to inclined loads ［J］. Computers and Geotechnics, 2015,69: 199—209.

［16］ Davisson M T, Gill H L. Laterally loaded piles in a layered soil system ［J］. J SoilMech Found Div, 1963,15(2): 63—94.

[17] Elahi H，Moradi M，Poulos H G，Ghalandarzadeh A. Pseudostatic approach for seismic analysis of pile group [J]. Computers and Geotechnics，2010,37(1—2)：25—39.

[18] Sharnouby B E，Novak M. Static and low-frequency response of pile groups [J]. Canadian Geotechnical Journal，1985,22(1)：79—94.

[19] Sharnouby B E，Novak M. Stiffness constants and interaction factors for vertical response of pile groups [J]. Canadian Geotechnical Journal，1990,27(6)：813—822.

[20] Evangelista A，Viggiani C. Accuracy of numerical solutions for laterally loaded piles in elastic half-space [C]. Proc. 2nd Int. Cof：Num Meth Geomech，Blacksburg，Virginia，1976,3：1367—1370.

[21] Fan C C，Long J H. Assessment of existing methods for predicting soil response of laterally loaded piles in sand [J]. Computers and Geotechnics，2005,32(4)：274—289.

[22] Georgiadis K，Sloan S W，Lyamin A V. Undrained limiting lateral soil pressure on a row of piles [J]. Computers and Geotechnics，2013,54(10)：175—184.

[23] Han J，Frost J D. Load-Deflection response of transversely isotropic piles under lateral loads [J]. International Journal for Numerical & Analytical Methods in Geomechanics，2000,24(5)：509—529.

[24] Hetenyi M. Beams on elastic foundations [M]. Ann Arbor：University of Michigan Press，1946.

[25] Huang M S，Zhang C R，Li Z. A simplified analysis method for the influence of tunneling on grouped piles [J]. Tunnelling and Underground Space Technology Incorporating Trenchless Technology Research，2009,24(4)：410—422.

[26] Kim K N，Lee S H，Kim K S，et al. Optimal pile arrangement for minimizing differential settlements in piled raft foundations [J]. Computers and Geotechnics，2001,28(4)：235—253.

[27] Kim Y，Jeong S. Analysis of soil resistance on laterally loaded piles based on 3D soil-pile interaction [J]. Computers and Geotechnics，2011,38(2)：248—257.

[28] Kumar A，Choudhury D，Katzenbach R. Effect of earthquake on combined pile-raft foundation [J]. International Journal of Geomechanics，2016,16(5)：1—16.

[29] Lee P，Gilbert L. Behavior of laterally Loaded Pile in very soft clay：The 11th Annual offshore Technology Conference [C]. Houston：International Journal of Engineering Science & Technology，1979.

[30] Lee S L，Kog Y C，Karunaratne G P. Laterally loaded piles in layered soil [J]. Soils and Foundation，1987,27(4)：1—10.

[31] Leung C F，Chow Y K. Response of pile groups subjected to lateral loads [J]. International Journal for Numerical and Analytical Methods in Geomechanics，1987,11(3)：307—314.

[32] Leung Y F，Klar A，Soga K. Theoretical study on pile length optimization of pile groups and piled rafts [J]. Journal of Geotechnical and Geoenvironmental Engineering，2010,136(2)：319—330.

[33] Liang F，Chen L，Han J. Integral equation method for analysis of piled rafts with dissimilar piles under vertical loading [J]. Computers and Geotechnics，2009,36(3)：419—426.

[34] Liang F，Song Z. BEM analysis of the interaction factor for vertically loaded dissimilar piles in saturated poroelastic soil [J]. Computers and Geotechnics，2014,62：223—231.

[35] Lueprasert P，Jongpradist P，Jongpradist P，et al. Numerical investigation of tunnel deformation due to adjacent loaded pile and pile-soil-tunnel interaction [J]. Tunnelling and Underground Space Technology，2017,70：166—181.

[36] Martin G R，Chen C Y. Response of piles due to lateral slope movement [J]. Computers and Structures，2005,83(8—9)：588—598.

[37] Matlock H. Correlations for design of laterally loaded piles in soft clay：Proceedings of second Annual Offshore Technology Conference [C]. Houston：[s. n.]，1970.

[38] Matlock H，Reese L C. Generalized solutions for laterally loaded Piles [J]. Journal of the soil

Mechanics and Foundation division, ASCE, 1960,86(5): 63—91.

[39] McVay M C, Shang T, Casper R. Centrifuge testing of fixed-head laterally loaded battered and plumb pile groups in sand [J]. Geotech Test J, ASTM, 1996,19(3): 41—50.

[40] Mindlin, Raymond D. Force at a point in the interior of semi-infinite solid [J]. Physics, 1936,7(5): 195—202.

[41] Muki R. Asymmetric problems of the theory of elasticity for a semi-infinite solid and a thick plate [J]. Progress in Solid Mechanics, 1960,6: 401—439.

[42] Muki R, Sternberg E. On the diffusion of load from a transverse tension bar into a semi-infinite elastic sheet [J]. Journal of Applied Mechanics, 1968,35: 737—746.

[43] Muki R, Sternberg E. On the diffusion of an axial load from an infinite cylindrical bar embedded in an elastic medium [J]. International Journal of Solids and Structures, 1969,5: 587—605.

[44] Muki R, Sternberg E. Elastostatic load-transfer to a half-space from a partially embedded axially loaded rod [J]. International Journal of Solids and Structures, 1970,6: 69—90.

[45] Mylonakis G, Gazetas G. Settlement and additional internal force of group piles in layered soil [J]. Geotechnique, 1998,48(1): 55—72.

[46] Pak RYS. On the flexure of a partially embedded bar under lateral loads [J]. Journal of Applied Mechanics Division, ASME, 1989,56: 263—269.

[47] Pise P J. Laterally loaded piles in a two-layer soil system [J]. Journal of the Geotechnical Engineering, ASCE, 1982,108(9): 1177—1181.

[48] Poulos H G. Analysis of the settlement of pile groups [J]. Geotechnique, 1968,18: 449—471.

[49] Poulos H G. Behavior of laterally loaded piles: I-Single piles [J]. Journal of Soil Mechanics and Foundations Division, 1971a, 97(5): 711—731.

[50] Poulos H G. Behavior of laterally loaded piles: II-pile groups [J]. Journal of the Soil Mechanics and Foundations Division, 1971b, SM5: 733—751.

[51] Poulos H G. Behavior of laterally loaded piles: III-socketed piles [J]. Journal of the Soil Mechanics and Foundations Division, 1972,4: 341—360.

[52] Poulos H G, Davis E H. Elastic solutions for soil and rock mechanics [M]. New York: Wiley, 1974.

[53] Poulos H G, Davis E H. Pile foundation analysis and design [M]. New York: Wiley, 1980.

[54] Randolph M F. The response of flexible piles to lateral loading [J]. Geotechnique, 1981,31(2): 247—259.

[55] Reese L C, Matlock H. Non-dimensional solutions for laterally loaded piles with soil modulus assumed proportional to depth: Proceedings of the 8th Texas Conference on Soil mechanics and Foundation Engineering [C]. Austin: [s. n.], 1956.

[56] Reese L C, Cox W R, Koop F D. Analysis of laterally loaded pile in sand: Proceedings of the sixth annual offshore technology conference [C]. Houston: [s. n.], 1974.

[57] Reese L C, Cox W R, Koop F D. Field testing and analysis of laterally loaded piles in stiff clay: Proceedings of the Seventh Annual Offshore Technology Conference [C]. Houston: [s. n.], 1975.

[58] Reese L C, Welch R C. Lateral loading of deep foundations in stiff clay [J]. Journal of Geotechnical and Geoenvironmental Engineering, 1975b, 101(7): 633—649.

[59] Reissner E. Note on the problem the distribution of stress in a thin stiffened elastic sheet [J]. Proceeding of the National Academy of Science, 1940,26(4): 300—304.

[60] Salgado R. Engineering of Foundations [M]. [S. l.]: McGraw-Hill, 2008.

[61] Salgado R, Prezzi M, Tehrani F S. Analysis of laterally loaded pile groups in multilayered elastic soil [J]. Computers and Geotechnics, 2014,62(2): 136—153.

[62] Shen S L, Wang Z F, Cheng W C. Estimation of lateral displacement induced by jet grouting in clayey soils [J]. Géotechnique, 2017,67(7): 1—10.

[63] Shen S L，Wang Z F，Yang J，et al. Generalized approach for prediction of jet grout column diameter [J]. Journal of Geotechnical and Geoenvironmental Engineering，2013b，139(12)：2060—2069.

[64] Shen S L，Wu H N，Cui Y J，et al. Long-term settlement behaviour of metro tunnels in the soft deposits of Shanghai [J]，Tunneling and Underground Space Technology，2014,40：309—323.

[65] Shen S L，Cui Q L，Ho E C，et al. Ground response to multiple parallel microtunneling operations in cemented silty clay and sand [J]. Journal of Geotechnical and Geoenvironmental Engineering，2016，142(5)：04016001(1—11).

[66] Shen W Y，Ten C I. Analysis of laterally loaded pile groups using a variational approach [J]. Géotechnique，2002,52(3)：201—208.

[67] Small J C，Zhang H H. Behavior of piled raft foundation under lateral and vertical loading [J]. The international journal of geomechanics，2002,2(1)：29—45.

[68] Southcott P H，Small J C. Finite layer analysis of vertically loaded piles and pile groups [J]. Computers and Geotechnics，1996,18(1)：47—63.

[69] Spillers W R，Stoll R D. Lateral response of piles [J]. Journal of the Soil Mechanics and Foundations Division，ASCE，1964,90(SM6)：1—9.

[70] Stevens J B，Audibert JME. Re-Examination of P-Y Curve Formulations：The 11th Annual Offshore Technology Conference [C]. Houston：[s. n.]，1979.

[71] Sullivan W R，Reese L C，Fenske C W. Unified method for analysis of laterally loaded piles in clay：Numerical Methods in Offshore Piling [C]. London：Institute of Civil Engineering，1980.

[72] Sun K. Laterally loaded piles in elastic media [J]. Journal of Geotechnical Engineering，ASCE，1994，120(8)：1324—1344.

[73] Taha M R，Abbas J M，et al. The performance of laterally loaded single pile embedded in cohesionless soil with different water level elevation [J]. Journal of Applied Sciences，2009,9(5)：909—916.

[74] Trochanis A M，Bielak J，Christiano P. Three-dimensional nonlinear study of piles [J]. Journal of Geotechnical Engineering，1991,117(3)：429—447.

[75] US Army Corps of Engineers. Engineering and design：design of pile foundations [M]. Engineer Manual，1991.

[76] Verruijt A，Kooijman A P. Laterally loaded piles in a layered elastic medium [J]. Géotechnique，1989,39(1)：39—49.

[77] Wang Z F，Shen S L，Ho E C，et al. Investigation of field installation effects of horizontal Twin-Jet grouting in Shanghai soft soil deposits [J]. Canadian Geotechnical Journal，2013,50(3)：288—297.

[78] Wang Z F，Shen J S，Cheng W C. Simple method to predict ground displacements caused by installing horizontal jet-grouting columns [J]. Mathematical Problems in Engineering，2018,1—11.

[79] Wong S C，Poulos H G. Approximate pile-to-pile interaction factors between two dissimilar piles [J]. Computers and Geotechnics，2005,32(8)：613—618.

[80] Wu H，Shen S，Liao S，et al. Longitudinal structural modelling of shield tunnels considering shearing dislocation between segmental rings [J]. Tunneling and Underground Space Technology，2015a，50：317—323.

[81] Wu H，Shen S，Yang J，et al. Soil-tunnel interaction modelling for shield tunnels considering shearing dislocation in longitudinal joints [J]. Tunneling and Underground Space Technology，2018,78：168—177.

[82] Wu Y X，Shen J S，Cheng W C，Hino T. Semi-analytical solution to pumping test data with barrier，wellbore storage，and partial penetration effects [J]. Engineering Geology，2017,226：44—51.

[83] Wu Y X，Shen S L，Yuan D J. Characteristics of dewatering induced drawdown curve under barrier effect of retaining wall in aquifer [J]. Journal of Hydrology，2016,539：554—566.

[84] Yang C C，Lin S S，Juang C H，et al. Analysis of laterally loaded piles in a two-layered elastic

medium [J]. Deep Foundations，2002a：80—94.

［85］ Yang Z，Jeremić B. Numerical analysis of pile behaviour under lateral loads in layered elastic-plastic soils [J]. International Journal for Numerical & Analytical Methods in Geomechanics，2002b，26 (14)：1385—1406.

［86］ Youngho K，Sangseom J. Analysis of soil resistance on laterally loaded piles based on 3D soil-pile interaction [J]. Computers and Geotechnics，2011,38(2)：248—257.

［87］ Zhang H H，Small J C. Analysis of capped pile groups subjected to horizontal and vertical load [J]. Computers and Geotechnics，2000a, 26(1)：1—21.

［88］ Zhang Q，Zhang Z. Study on interaction between dissimilar piles in layered soils [J]. International Journal for Numerical and Analytical Methods in Geomechanics，2011,35(1)：67—81.

［89］ Zhao M，Zhang L，Yang M. Settlement calculation for long-short composite piled raft foundation [J]. Journal of Central South University of Technology，2006;13(6)：749—754.

［90］ 曹明. 均质地基中桩—桩位移相互作用系数的有限元分析[J]. 地震工程学报,2015,37(S1)：52—56.

［91］ 曹明. 混合桩型复合地基的位移相互作用系数解法及其应用研究[M]. 上海：上海科学技术出版社,2015.

［92］ 曹明. 水平荷载作用下单桩的虚拟桩解法及参数[J]. 土木建筑与环境工程,2017,39(3)：115—121.

［93］ 戴自航,陈林靖. 多层地基中水平荷载桩计算 m 法的两种数值解[J]. 岩土工程学报,2007,29(5)：690—696.

［94］ 范文田. 轴向与横向力同时作用下柔性桩的分析[J]. 西南交通大学学报,1986(1)：42—47.

［95］ 梁发云. 混合桩型复合地基工程性状的理论与试验研究[D]. 上海：上海交通大学出版社,2004.

［96］ 梁发云,陈海兵,陈胜立. 横向荷载下群桩相互作用的积分方程解法及参数分析[J]. 岩土工程学报,2012,34(5)：849—854.

［97］ 陆建飞. 饱和土中的桩土共同作用问题研究[D]. 上海：上海交通大学,2000.

［98］ 陆建飞,王建华,沈为平. 考虑固结和流变的层状地基中的水平单桩的理论分析[J]. 岩石力学与工程学报,2001,20(3)：386—390.

［99］ 劳伟康,周国治,周立运. 水平推力桩在大位移情况下 m 值的确定[J]. 岩土力学,2008,29(1)：19：192—196.

［100］ 史文清,王建华,陈锦剑. 考虑桩土接触面特性的水平受荷单桩数值分析[J]. 上海交通大学学报,2006,40(8)：1457—1460.

［101］ 吴锋,时蓓玲,卓杨. 水平受荷桩非线性 m 法研究明[J]. 岩土工程学报,2009,31(9)：1398—1401.

［102］ 谢雄耀,黄宏伟,张冬梅. 深水港码头高承台桩土共同作用数值模拟分析闭[J]. 岩土工程学报,2006,28(6)：715—722.

［103］ 赵明华,王贻荪,肖鹤松. 多层地基横向受荷桩的分析[J]. 建筑结构,1994,2：6—10.

［104］ 赵明华,刘峻龙,刘建华. 双层地基横向受荷桩简化计算方法研究[J]. 公路交通科技,2006,23(12)：58—61.

［105］ 赵明华,汪优,黄靓. 水平受荷桩的非线性无网格法分析[J]. 岩土工程学报,2007,29(6)：907—912.

［106］ 赵明华,刘敦平,邹新军. 横向荷载下桩—土相互作用的无网格分析[J]. 岩土力学,2008,29(9)：2476—2480.

［107］ 周健,张刚,曾庆有. 主动侧向受荷桩模型试验与颗粒流数值模拟研究[J]. 岩土工程学报,2007,29(5)：650—656.

［108］ 周健,池永. 土的工程力学性质的颗粒流模拟[J]. 固体力学,2004,25(4)：377—382.

［109］ 曾庆有. 侧向受荷桩模型试验与颗粒流分析[D]. 上海：同济大学,2005.